청소년의 책
디딤돌 28

기본부터 잡아주는 중학생을 위한 수학책

저8계의
(저팔계)
수학나라

방승희 지음

Φ

"뭐, 수학이 어렵다구? 난 쉬우셔!"

$\sqrt{\Sigma}$

쉬우셔…

KB235888

동녘

책 머리에

"수가 아름답지 않다면 도대체 아름다운 것이 어떤 것인지 난 정말 모르겠소."

1996년에 세상을 떠난 천재 수학자 폴 에르디시가 즐겨 하던 말입니다. 실제로 수학의 역사를 빛낸 위대한 학자들은 하나같이 수의 매력에 홀려서 평생 동안 수학을 사랑한 사람들입니다.

여러분도 수학이 아름답다고 느끼나요? 아마도 아름답기는커녕 지겹고 골치 아파서 하루라도 빨리 벗어나고픈 과목일 겁니다. 왜 이런 차이가 생기는 걸까요? 그 사람들은 천재고 우리는 보통 사람이기 때문에? 아닙니다. 문제는 우리가 수학을 배우는 방법에 있습니다. 수많은 공식을 외우고 문제의 유형을 파악하는 반복 훈련에 시달린 탓에 너무 일찍 수학에 질려 버리는 것이지요. 원리를 탐구하면서 수학의 재미와 매력을 느껴 볼 기회는 거의 갖기 어렵습니다.

수학을 이렇게 공부하기 때문에, 우리 나라 초등학생과 중학생들의 수학 실력은 국제 평가에서 1, 2등을 다툴 정도로 우수하지만 고등학교로 올라가면 사정이 달라지는 것이지요. 고등학생들이 참가하는 '국제 수학 올림피아드'에서 한국은 대개 10위권 밖에 머무릅니다. 수학을 수학답게 배우지 못하기 때문에 문제 풀이를 넘어선 수준 높은 수학을 소

화할 수 있는 지적 능력과 창의성을 기르지 못한 탓입니다.

　오늘날 수학 교육이 나라의 장래를 좌우한다고 할 만큼 수학의 중요
성이 더욱 커지고 있습니다. 수학자 가우스가 수학을 '모든 학문의 여
왕'이라고 불렀듯이 수학은 자연 과학이나 공학은 물론 인문 사회 과학
의 토대가 됩니다. 더욱이 지식 정보화 사회가 펼쳐짐에 따라 수학은 금
융, 정보 통신, 국방 등 미치지 않는 분야가 없는 '모든 산업의 여왕'으
로도 떠올랐습니다. 컴퓨터, 로봇 공학, 레이더를 우습게 아는 비행기
'스텔스', 병원에서 볼 수 있는 CT(컴퓨터 단층 촬영), 가전 제품에 이
용되는 카오스 이론과 퍼지 이론, 새로운 금융 상품 등 우리의 생활을
바꾸는 첨단 기술은 모두 수학이 이루어 낸 성과입니다. 그래서 선진국
들은 수학을 21세기 국가 경쟁력의 핵심으로 보고 수학 연구와 교육에
지속적으로 투자하고 있고, 이렇게 육성된 수학자들은 대학 강단과 연
구실만이 아니라 금융 회사, 컴퓨터 회사, 통신 회사 등에서 최첨단 기
술을 개발하는 일에 몰두하고 있습니다.

　여러분은 혹시 정보 사회에서는 컴퓨터나 인터넷을 잘 다루는 것이
최고라고 생각하시나요? 하지만 그것만으로는 부족합니다. '어떻게'가
아니라 '왜?'라고 사물의 본질을 따져 묻는 훈련이 되지 않은 사람에게
컴퓨터나 인터넷은 그저 편리한 도구에 지나지 않기 때문입니다. 그 도
구를 가지고 새로운 것을 창조하는 힘은 수학을 비롯한 기초 학문을 통

해 길러지는 것이며, 우리가 수학을 제대로 공부해야 하는 이유도 여기에 있습니다.

이 책에는 중학생들과 고등학교 저학년 학생들에게 필요한 내용을 담았습니다. 구성은 함수, 대수학, 기하학 세 부분으로 나누었습니다. 함수는 그 원리를 이야기하는 데 중점을 두었고, 대수학과 기하학 부분은 역사 순서대로 썼습니다.

책을 쓰는 데 가장 주안점을 둔 것은 교과 과정에 충실해야겠다는 것이었지요. 그래서 대수학과 기하학 부분은 역사순으로 썼지만 그 내용은 대부분 교과 과정에 나와 있는 것입니다.

중학교 과정에서는 집합, 확률 등의 내용도 나오지만 이 부분은 다음 책에서 보다 자세히 다루려고 생각했기에 이 책에서는 제외시켰습니다. 또한 수학을 재미있게 이야기해 주어야 한다는 생각을 가지고 있어 계산 문제는 자주 다루려고 하지 않았지만 꼭 필요한 계산 문제는 지면을 할애했습니다.

『4·5·정의 수학나라』에 대한 여러분의 성원에 감사를 드리며 앞으로 좋은 책을 쓰는 데 많은 노력을 하겠습니다.

글쓴이 방승희

차 례

책 머리에 · 3

1장 함수

1. 자판기는 함수다 · 11

2. 대응이란? · 16

3. 함수란 무엇인가? · 22

4. 함수 문제 · 29

5. 우리 주변에서 함수를 찾아보자 · 36

6. 좌표평면 · 42

7. 그래프 · 48

8. 방정식과 함수의 관계 · 54

9. 사다리 타기 · 58

10. 함수의 역사 · 63

　　　· 인물 : 코시

　　　· 참고 : 사상과 함수

2장 대수학

1. 메소포타미아 · 69

2. 이집트 · 77

3. 그리스 · 83

4. 디오판토스 · 87

5. 중국 · 91

6. 인도 · 98

7. 아라비아 · 103

8. 기호대수의 서막 · 108

9. 삼차, 사차방정식의 해법 · 111

   · 인물 : 카르다노, 타르탈리아, 페라리

10. 대수학의 기본 정리 · 117

    · 인물 : 가우스

11. 오차방정식의 해법 · 125

    · 인물 : 아벨, 갈루아

    · 참고 : 페르마의 마지막 정리

3장 기하학

1. 탈레스의 기하학 · 134

· 인물 : 탈레스

2. 피타고라스의 기하학 · 142

· 인물 : 피타고라스

· 참고 : 정다면체

3. 유클리드의 기하학 · 153

· 인물 : 유클리드

4. 아르키메데스의 기하학 · 163

· 인물 : 아르키메데스

· 참고 1 : 지구의 둘레를 맨 처음으로 계산한 에라토스테네스

· 참고 2 : 아폴로니우스의 원뿔곡선

5. 데카르트의 해석기하학 · 176

· 인물 : 데카르트

6. 오일러의 기하학 · 185

· 인물 : 오일러

7. 몽주의 화법기하학 · 197

　·인물 : 몽주

8. 퐁슬레의 사영기하학 · 204

　·인물 : 퐁슬레

9. 로바체프스키 - 볼리아이의 비유클리드 기하학 · 220

　·인물 : 로바체프스키, 볼리아이

　·참고 : 비유클리드 기하학의 모형

10. 리만의 비유클리드 기하학 · 236

　·인물 : 리만

11. 위상기하학 · 244

　·인물 : 포앙카레

　·참고 1 : 여러 가지 변환

　·참고 2 : 미로 속의 기하학 - 조르당 곡선

　·참고 3 : 4색 문제

　·참고 4 : 뫼비우스의 띠

1장 함수

이 단원에서는 실생활에서 자주 접할 수 있는 예들을 활용하여 함수를 쉽게 이해할 수 있도록 하였다. 따라서 수식과 계산 문제보다 이야기 형식으로 구성하였다. 이 단원에서 다루는 내용들은 함수의 가장 기본적인 개념들이다. 초등학교 고학년 학생이 읽어도 이해할 수 있는 내용이므로 중학교 이상의 학생이라면 누구나 이해할 수 있을 것이다.

1. 자판기는 함수다

오늘도 즐거운(?) 수학 시간이다. 3·10·법·4 선생님이 교실로 들어오시더니 학생들에게 질문을 하신다.

3·10·법·4 : 아그들아, 너희들은 함수가 무엇이라고 생각하는지 한 번 말해 보아라.

선생님의 질문에 가장 먼저 대답을 한 사람은 4·5·정이다.

4·5·정 : 함수는 짝짓는 거라고 생각합니다.

손·5·0 : 그것을 유식한 말로 대응한다고 하는 거야. 맞지요, 선생님?

저·8·계 : 함수가 뭐하는 물건이셔? 그거 먹는겨?

학생들의 대답을 다 들은 선생님은 그런 대답이 나올 줄 알았다는 듯 웃으며 말씀을 이어가셨다.

3·10·법·4 : 그래, 너희들 이야기는 잘 들었는데 나는 말이다, 함수의 대표적인 것이 자판기라고 생각한다.

그러자 학생들의 표정은 의심으로 가득 찬다.

손·5·0 : 자판기가 함수라고요. 그건 처음 듣는 소리인데요. 그게 무슨
　　　　 의미인가요?

3·10·법·4 : 그래, 그럼 지금부터 설명해 볼까. 먼저 자판기의 원리부
　　　　　터 살펴보자. 음료 자판기에서 음료수를 뽑아 먹기 위해서는
　　　　　어떻게 해야 하지? 똑똑한 저·8·계가 말해 보아라.

저·8·계 : 그거야 쉬우셔. 자판기에 동전을 넣고 버튼을 누르면 음료수
　　　　 가 자판기에서 짠! 하고 튀어나오셔.

 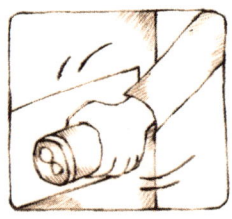 

3·10·법·4 : 바로 맞추었구나. 이것은 자판기에는 누르는 버튼이 있고
　　　　　그리고 그 버튼과 연결되는 음료수가 있다는 이야기가 되는
　　　　　것이니라. 다시 말해 자판기에는 누르는 버튼의 집합과 나오
　　　　　는 음료수의 집합이 있지. 이 두 집합을 연결시켜 주는 역할
　　　　　은 동전을 넣고 버튼을 누르는 행위가 되겠고.

　학생들은 선생님이 무슨 말씀을 하시는지 잘 모르는 눈치지만 선생님
의 설명은 계속 이어지고 있었다.

3·10·법·4 : 그런데 고장난 자판기는 함수의 역할을 하지 못하느니
　　　　　라.

저·8·계 : 그건 또 무슨 말이셔. 아~ 머리 무지하게 아프셔.

학생들은 함수를 자판기에 비유해서 설명해 주시는 선생님의 말도 이
해를 못하겠는데 더군다나 고장난 자판기가 함수의 역할을 하지 못한다
는 이야기에 약간 당황하는 눈치다.

3 ·10 ·법 ·4 : 그러면 고장난 자판기는 어떤 자판기를 이야기하는 것일
　　　　　　까? 이번에는 손 ·5 ·0이 말해 볼까?

손 ·5 ·0 : 버튼을 눌렀는데도 음료수가 나오지 않거나 하나의 버튼을
　　　　　눌렀는데 두 개, 세 개의 음료수가 동시에 튀어나오는 자판기
　　　　　들이 고장난 자판기 아니겠어요.

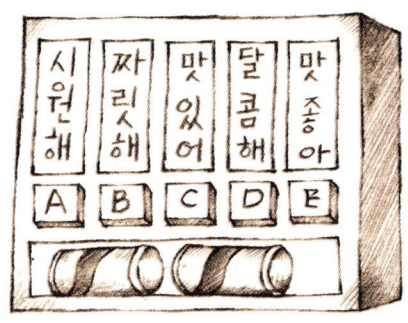

저 ·8 ·계 : 음료수가 두 개 나오는 날은 기분이 아주 좋은 날이셔.

3 ·10 ·법 ·4 : 그래, 잘 맞추었도다. 너희들은 지금 내가 무슨 말을 하고
　　　　　　있는지 잘 모를 거야. 하지만 다음 시간부터 이 문제에 대해
　　　　　　서 자세히 알아 보도록 하고, 오늘 강의에서 잊지 말아야 하
　　　　　　는 것은 자판기는 함수를 잘 표현하고 있지만 고장난 자판기
　　　　　　는 함수의 역할을 하지 못한다는 것이다. 그러면 모두 같이
　　　　　　큰 소리로 한 번 외쳐 볼까. 자판기는 함수다!

학생들 : 자판기는 함수다!

3·10·법·4 : 하지만 고장난 자판기는 함수가 아니다!

학생들 : 하지만 고장난 자판기는 함수가 아니다!

여러분도 선생님에게 함수란 무엇인가 하는 질문을 받은 기억이 있을 것이다. 실제 설문 조사를 해 보면 학생들은 함수를 짝짓는 것, 그래프, 대응 등으로 답하고 있다.

이 장에서는 함수에 대하여 보다 쉽고 체계적으로 알아볼 것이다.

먼저 앞에서 3·10·법·4 선생님이 이야기했듯이 함수를 가장 잘 표

현할 수 있는 것이 우리들 주위에서 쉽게 볼 수 있는 자판기다.

자판기의 원리는 동전을 넣고 버튼을 누르면 자신이 원하는 상품이 튀어나온다는 것이다. 이것은 자판기의 버튼을 누르는 것은 사람 마음이지만 자판기에서 나오는 상품은 자판기가 마음대로 선택할 수가 없다는 이야기다.

다시 말해, 나오는 상품은 누르는 버튼에 의해 좌지우지되는 종속적인 관계이다. 하지만 고장난 자판기는 함수의 역할을 하지 못한다. 버튼을 눌렀는데 상품이 나오지 않는다든지 또는 버튼을 눌렀는데 두 개 이상의 상품이 나오는 자판기가 바로 고장난 자판기다.

첫 장부터 함수의 전부를 가르쳐 줄 수는 없지만 이번 시간에 여러분이 알아야 하는 것은 함수를 가장 잘 표현하는 것이 자판기이고 고장난 자판기는 함수의 역할을 하지 못한다는 것이다.

2. 대응이란?

3·10·법·4 : 수를 몰랐던 옛날 사람들이 수를 파악하기 위한 방법으로 대응의 원리를 이용하였지. 그러면 추장이 부하들의 수를 파악하기 위해서는 어떻게 했을까?

손·5·0 : 먼저 부하들의 수만큼 돌멩이를 모아 두는 거예요. 그리고 부하들이 모이면 돌멩이를 하나씩 나누어 주어 돌멩이가 남으면 부하들이 다 모이지 않은 것으로 생각했지요.

3·10·법·4 : 오, 좋은 대답이다. 이것이 바로 대응의 원리이니라. 다시 말해 부하 한 사람과 돌멩이 하나를 대응시켜 수를 파악하는 것이지. 그러면 누가 대응에 대하여 말해 볼까?

손·5·0 : 어떤 주어진 관계에 의하여 집합 가의 원소에 집합 나의 원소를 짝지어 주는 것을 집합 가에서 집합 나로의 대응이라고 하지요.

4·5·정 : 그걸 어떻게 알았어? 배우지도 않았는데.

손·5·0 : 에구, 중학교 1학년 교과서에 나와 있잖아.

3·10·법·4 : 그런데 앞에서 함수를 가장 잘 표현하고 있는 것이 자판기라고 했으니까 이제부터는 이 대응의 원리를 자판기에 비유하여 이해해 보도록 하자.

   잠시 후 3·10·법·4 선생님은 칠판에 다음과 같이 자판기 하나를 그리셨다.

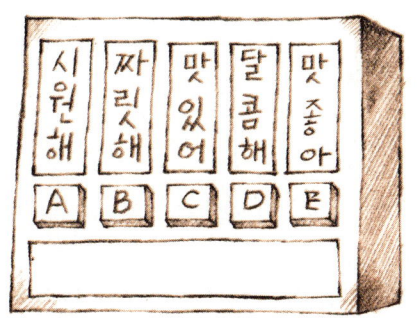

3·10·법·4 : 이 자판기를 보면 버튼은 A, B, C, D, E로 되어 있고 음료수는 시원해, 짜릿해, 맛있어, 달콤해, 맛좋아로 되어 있지.

학생들 : 네.

3·10·법·4 : 자판기가 고장이 나지 않았다면 돈을 넣고 A버튼을 누르면 어떤 음료수가 나올까.

저·8·계 : 그것은 쉬우셔. 당연히 시원해 음료가 나오셔. 음메, 목마른

거.

3·10·법·4 : B버튼을 누르면 짜릿해, C는 맛있어, D는 달콤해, E는
　　　　　맛좋아 음료수가 나오겠지. 그러면 버튼의 집합은?

학생들 : A, B, C, D, E요.

3·10·법·4 : 그러면 음료수의 집합은?

학생들 : 시원해, 짜릿해, 맛있어, 달콤해, 맛좋아요.

3·10·법·4 : 그러면 음료수의 집합과 버튼의 집합을 연결시켜 볼까.

3·10·법·4 선생님은 칠판에 다음과 같은 그림을 그려 놓았다.

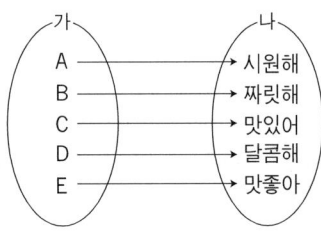

　그러자 똑똑한 손·5·0이 무언가를 알았다는 듯이 벌떡 일어나서 이
야기를 했다.

손·5·0 : 이제야 선생님이 뭘 말씀하시려는 건지 알았어요. 버튼의 집
　　　　합과 음료수의 집합은 대응을 하고 있다는 것을 알려 주려고
　　　　하시는 거죠?

3·10·법·4 : 제법이구나. 앞에서 대응이란 어떤 주어진 관계에 의하여
　　　　　집합 가의 원소에 집합 나의 원소를 짝지어 주는 것을 집합
　　　　　가에서 집합 나로의 대응이라고 한다고 했지.

학생들 : 예.

3·10·법·4 : 그러니까 자판기를 보면 집합 가는 버튼에 씌어 있는 글

자, 즉 A, B, C, D, E를 말하는 것이고, 집합 나는 음료수의 이름, 즉 시원해, 짜릿해, 맛있어, 달콤해, 맛좋아를 말하는 것이지. 그리고 이들은 어떤 주어진 관계, 즉 자판기 기계의 작용에 의하여 서로 짝지어져 있고.

학생들 : 맞다, 맞어!

3·10·법·4 : 그러니까 자판기는 대응을 이루는 대표적인 것이라고 할 수가 있지.

학생들 : 네.

저·8·계 : 이게 뭐셔. 이 책에서는 내가 주인공인데 나는 왜 자주 안 나오는거. 글쓴이 양반, 이거 어떻게 된 거셔?

글쓴이 : 내 마음이셔.

대응이란 어떤 주어진 관계에 의하여 집합 X의 원소에 집합 Y의 원소를 짝지어 주는 것으로, 이것을 집합 X에서 집합 Y로의 대응이라고 한다.

대응에 관한 예는 주위에서 쉽게 찾아볼 수 있다. 학교에 가면 개인 번호가 있다. 영희는 1번, 순희는 2번, 철수는 3번 이런 식으로 말이다.

이 관계를 그림으로 그려 보면 다음과 같다.

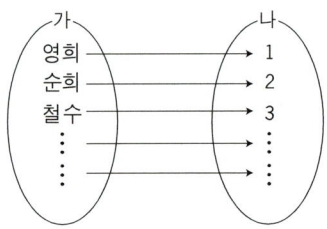

바로 대응 관계로 되어 있는 것이다. 또한 나라 이름과 그 나라의 수도 이름을 연결시켜 보아도 대응 관계에 있다는 것을 알 수가 있다.

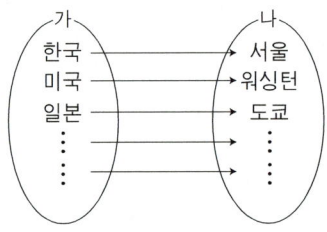

특히 앞에서와 같이 버튼 하나에 음료수 하나가 나오는 경우, 다시 말해 집합 X의 하나의 원소에 집합 Y의 하나의 원소가 대응하는 것을 일대일 대응이라고 한다.

다음은 여러 가지 대응을 나열해 놓은 것이다.

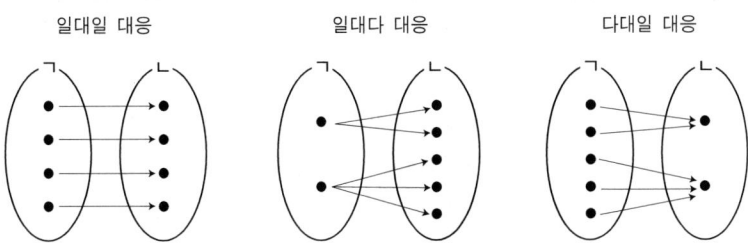

3. 함수란 무엇인가?

수업은 계속 이어졌다. 오늘도 함수에 대한 내용이다. 3·10·법·4 선생님이 등장하셨다.

3·10·법·4 : 이제 앞에서 배운 내용을 정리해 보아야겠지. 앞 시간에는 대응에 대하여 배웠고 그 대응을 가장 잘 표현하고 있는 것이 주위에서 흔히 볼 수 있는 자판기라고 배웠지.

학생들 : 네.

3·10·법·4 : 그리고 또 배운 게 있지. 고장난 자판기는 함수의 역할을 하지 못한다는 것 말이다. 그러면 오늘 강의에서는 무엇을 배워야 할까?

손·5·0 : 아, 알았다. 자판기는 어떤 대응을 하고 있기에 함수의 역할을 한다는 것인지, 또 고장난 자판기는 어떤 대응을 하고 있기에 함수의 역할을 하지 못한다는 것인지에 대하여 알아보아야 한다는 것이죠.

3·10·법·4 : 역시 똑똑한 손·5·0이구나. 자, 다시 자판기를 등장시켜 보자. 이 자판기 버튼의 글자는 A, B, C, D, E로 되어 있고 음료수는 시원해, 짜릿해, 맛있어, 달콤해, 맛좋아로 되어 있지.

학생들 : 네.

3·10·법·4 : 자판기가 고장나지 않았다면 버튼 하나에 하나의 음료수가 나올 것이다. 어떠한 대응을 하고 있는지 살펴보자.

3·10·법·4 선생님은 칠판에다가 다음과 같은 그림을 그리셨다.

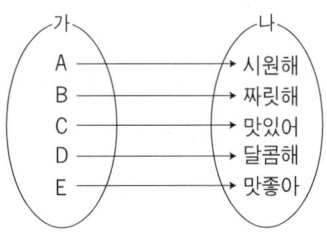

3·10·법·4 : A와 시원해, B와 짜릿해, C와 맛있어, D와 달콤해, E와
　　　　　맛좋아로 연결되어 있는 대응을 하고 있지.

학생들 : 네.

3·10·법·4 : 그러면 결론은?

손·5·0 : 아, 칠판에서와 같은 대응을 하고 있으면 '함수'라고 말할 수
　　　　　있다는 것이죠.

3·10·법·4 : 바로 그거야. 그러면 다음의 자판기는 어떨까?

　3·10·법·4 선생님은 칠판에 또 다른 자판기를 그리셨다.

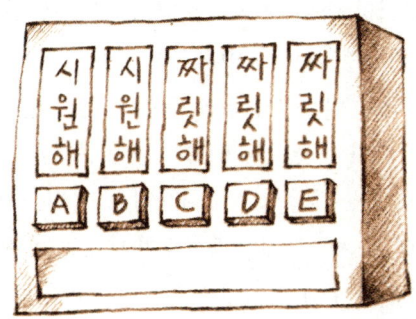

3·10·법·4 : 버튼을 눌렀는데 음료수가 한 개 나왔다면 이 자판기는
　　　　　고장난 것일까?

저·8·계 : 아니셔. 이런 자판기는 우리집 앞에도 있으셔.

3·10·법·4 : 그래, 이러한 자판기는 우리 주위에서 흔히 볼 수가 있지.
그러면 어떠한 대응을 하고 있는지 살펴볼까?

선생님은 칠판에 다시 그림을 그리셨다.

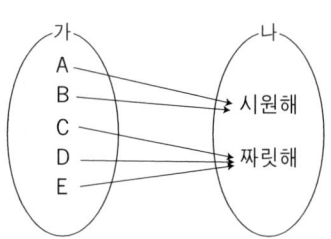

3·10·법·4 : A와 시원해, B와 시원해, C와 짜릿해, D와 짜릿해, E와
짜릿해로 연결되어 있는 대응을 하고 있지. 그렇다면 이러한
대응을 하고 있는 것은 함수일까?

저·8·계 : 이제 나도 알 수가 있으셔. 이러한 자판기도 고장이 나지 않
은 자판기의 대응이므로 함수라고 할 수가 있으셔.

3·10·법·4 : 그래 맞추었다. 그렇다면 이번에는 고장난 자판기는 어떤
대응을 하고 있는지 살펴볼까? 고장난 자판기에는 어떤 것이
있는지, 다시 한 번 손·5·0이 말해 볼까?

손·5·0 : 버튼을 눌렀는데 음료수가 나오지 않는 자판기와 버튼 하나를
눌렀는데 두 개, 세 개의 음료수가 나오는 자판기를 말해요.

3·10·법·4 : 그래, 역시 나의 기대를 저버리지 않는군. 그렇다면 먼저,
버튼을 눌렀는데 음료수가 나오지 않는 자판기의 대응을 살
펴보자.

3·10·법·4 선생님은 칠판에 다음과 같은 그림을 그리셨다. 그리고

이야기는 계속 이어진다.

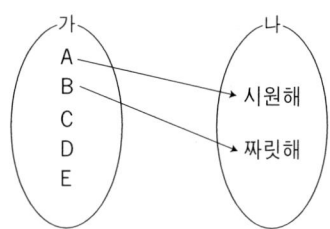

3·10·법·4 : 이 그림을 통해 C, D, E버튼은 눌러도 음료수가 나오지
　　　　　　 않는다는 것을 알 수가 있다. 다시 말해 C, D, E버튼에 대응
　　　　　　 되는 음료수가 존재하지 않는다는 것을 말이야. 그렇다면 이
　　　　　　 러한 대응을 하고 있는 것은 함수일까?

저·8·계 : 함수가 아니셔. 왜냐하면 고장이 났기 때문이셔.

3·10·법·4 : 잘 맞추었다. 그렇다면 고장이 난 경우의 또 한 가지, 즉
　　　　　　 버튼을 눌렀는데 두 개 또는 세 개의 음료수가 나오는 경우는
　　　　　　 어떠한지 살펴보자.

　3·10·법·4 선생님은 칠판에 또 다른 그림을 그리셨다.

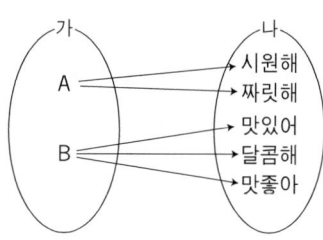

3·10·법·4 : 이 그림은 A버튼을 눌렀는데 시원해, 짜릿해 음료수가

동시에 나왔고, B버튼을 눌렀는데 맛있어, 달콤해, 맛좋아 음료수가 동시에 나온 것을 나타내고 있지. 이러한 대응을 하고 있다면 함수일까?

학생들 : 아니에요.

3·10·법·4 : 그래, 그러면 정리해 볼까. 다음 네 개의 대응 중 함수인 것은 어느 것이지?

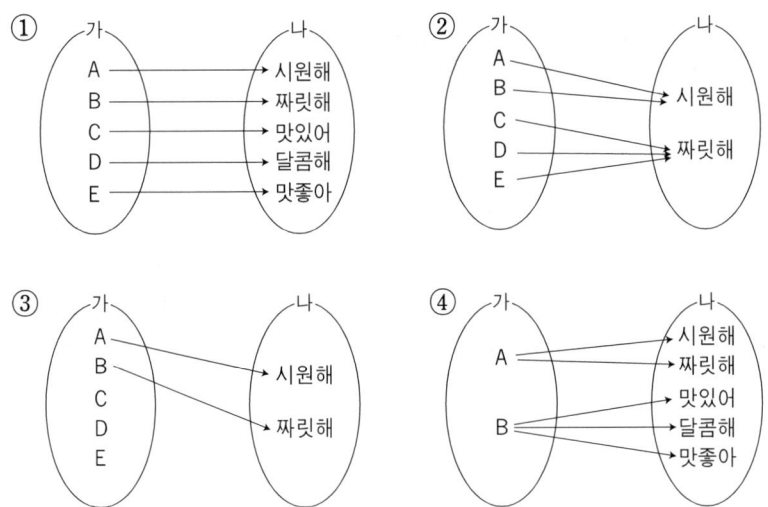

저·8·계 : ①번과 ②번은 함수이지만 ③번과 ④번은 함수가 아니셔. 왜냐하면 고장이 났기 때문이셔.

3·10·법·4 : 그래, 저·8·계가 알 정도면 이제 너희들도 다 알 수가 있겠지. 오늘 수업은 이것으로 끝이다.

학생들 : 우와!

4·5·정 : 무슨 말인지 나는 잘 모르겠는데.

다음 중 함수인 것은 어느 것인가?

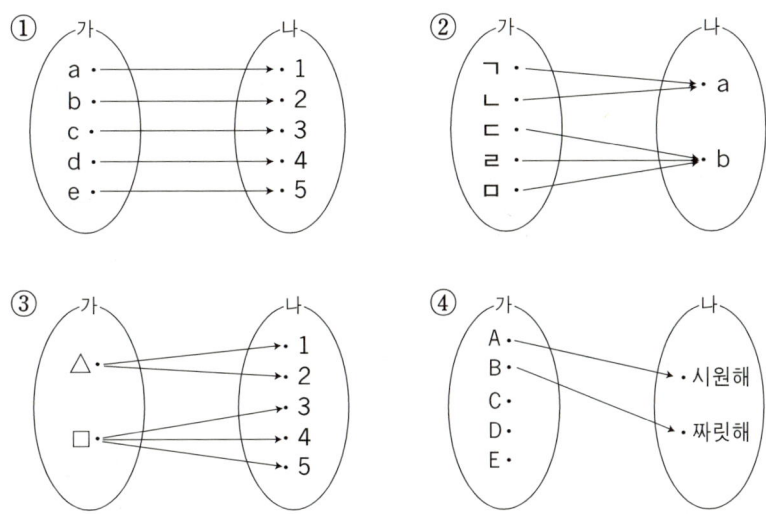

이런 류의 문제는 여러분의 참고서나 문제집에 많이 나오는 것이다. 그러면 여러분은 답을 맞추었는가? 이 문제의 답은 여러분이 이미 본문에서 배웠던 내용이다.

위의 네 개의 대응 중 함수인 것은 ①과 ②이고 ③과 ④는 함수가 아니다. 여기서 집합의 각 원소를 기호와 음료수의 이름으로 바꿔보면 본문에서 제시한 문제가 된다.

당연히 함수인 것은 ①번과 ②번이다. 이렇게 자판기의 원리를 알고 있으면 함수를 쉽게 찾아낼 수가 있다.

교과서에서 보면 '집합 X의 각 원소에 대하여 집합 Y의 원소가 하나씩만 대응할 때, 이 대응을 집합 X에서 집합 Y로의 함수라 하고, 이 함수를 $f:X{\rightarrow}Y$와 같이 나타낸다'고 되어 있다.

본문에서 ①번과 ②번은 집합 X의 각 원소에 대하여 집합 Y의 원소가 하나씩만 대응하고 있다는 것을 알 수가 있다.

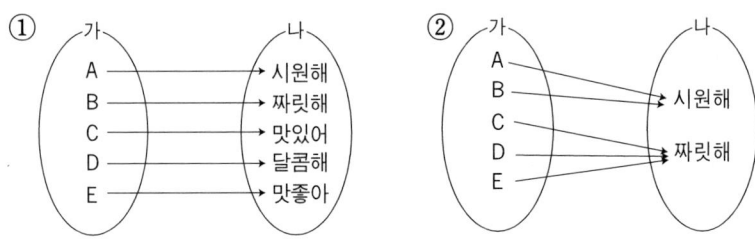

그러나 ③번과 ④번은 그렇지가 못하다.

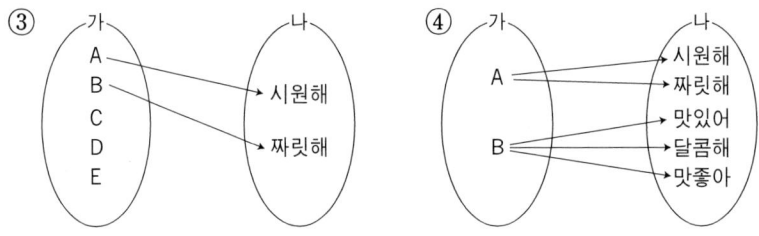

여기서 함수를 나타내는 기호에 대하여 잠깐 살펴보자.

x를 독립변수로 하는 함수를 나타낼 때는 흔히 기호 $f(x)$를 사용한다. 이 기호에서 f는 함수를 의미하는 라틴 어 *functiones*(영어로는 *function*)의 첫 글자다. 영어 *function*은 기능 또는 작용이라는 뜻이다. 함수라는 용어는 *function*의 중국어 음역인 函數를 다시 우리말로 음역한 것이라 한다.

4. 함수 문제

오늘은 중간 고사 시험이 있는 날이다. 그런데 저·8·계가 다음과 같은
문제를 보고 골머리를 앓고 있었다.

　문제 : 다음 중 함수인 것은?

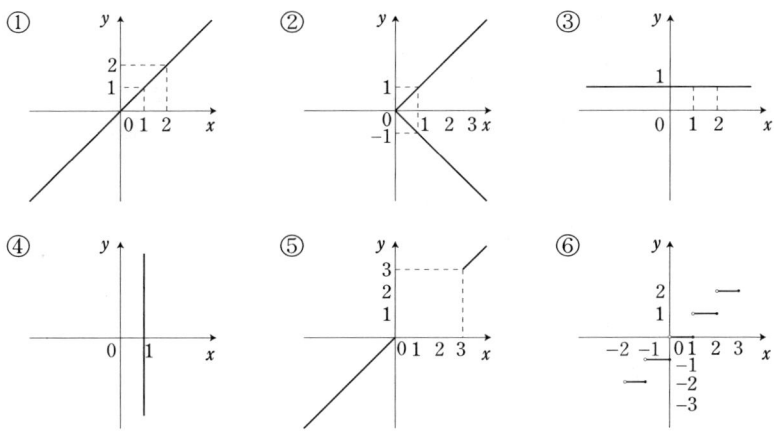

　이것을 본 3·10·법·4 선생님이 저·8·계에게 나머지 공부를 지시
하셨다. 나머지 공부 시간에 저·8·계와 3·10·법·4 선생님이 한자리
에 앉게 되었는데……

3·10·법·4 : 이 문제가 그토록 어려웠더냐.

저·8·계 : 무지하게 어려우셔. 머리 아프셔.

3·10·법·4 : 이 문제는 앞에서 배운 자판기의 원리만 알고 있으면 쉽
　　　　　　게 풀 수가 있느니라.

저·8·계 : 자판기와 이 문제와 무슨 관계가 있으셔?

3·10·법·4 : 쯧쯧. 어리석은지고. *x*축에 있는 숫자들을 자판기의 버튼

이라고 생각하고, y축에 있는 숫자들을 음료수라고 생각해
보자. ①번의 경우를 살펴볼까.

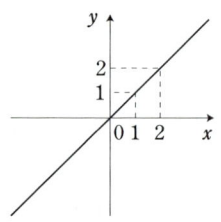

3·10·법·4 : x축의 1을 누르면 y축의 1이 나오지. 그러면 x축의 2를
　　　　　누르면 y축에서 어떤 숫자가 나오겠느냐?

저·8·계 : 2가 나오셔.

3·10·법·4 : 그러면 3과 4를 누르면?

저·8·계 : 3을 누르면 3이 나오고 4를 누르면 4가 나오셔.

3·10·법·4 : 이것을 자판기에 비유하면 하나의 버튼에 하나의 음료수
가 나오는 경우와 같지 않느냐. 이것을 그림으로 나타내면 더
욱 쉽게 이해할 수가 있겠지.

3·10·법·4 선생님은 칠판에 다음과 같이 그림을 그리셨다.

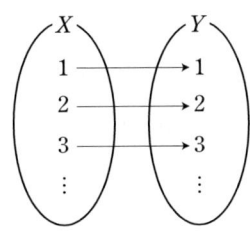

3·10·법·4 : 어떠냐. 일대일 대응을 이루고 있는 함수이지 않느냐. 그
러니까 ①번은 함수인 것이니라.

저·8·계 : 그런 깊은 뜻이 있었네. 그러면 ②번도 쉽게 맞출 수 있을 것
같으셔.

3·10·법·4 : 그래, 그러면 네가 직접 맞추어 보아라.

저·8·계 : x축의 숫자 1을 눌렀는데 y축에 있는 숫자 1과 −1이 동시에
나왔지 않으셔?

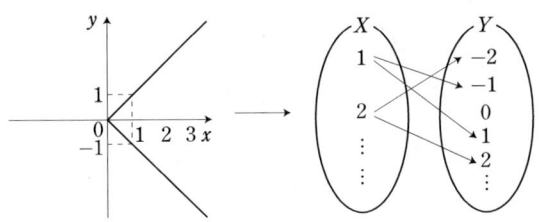

3·10·법·4 : 옳거니.

저·8·계 : 또한 x축의 2를 누르면 2와 −2, 3을 누르면 3과 −3이 동시
에 나오게 되고 말이셔.

3·10·법·4 : 제법이구나. 그 다음엔?

저·8·계 : 이것은 하나의 버튼을 눌렀는데 두 개의 음료수가 튀어나오
는 고장난 자판기와 같으셔. 고장난 자판기는 함수가 되지
못하지 않으셔? 그러니까 ②번은 함수가 아니셔.

3·10·법·4 : 이제 확실히 알겠느냐? 나머지 ③, ④, ⑤, ⑥번도 함수인
지 아닌지를 알아오도록 하여라.

저·8·계 : 또 숙제구나.

이제 3·10·법·4 선생님이 낸 숙제를 해결해 보자. ③번의 경우는 x축의 1번을 눌렀는데 y축의 1번이 나왔다. 2번도 1, 3번도 1이 나왔다. 이러한 대응도 앞에서 고장난 자판기가 아니라고 배웠다. 다음과 같이 자판기를 생각해 보면 쉽게 이해가 될 것이다. 그러므로 ③번의 경우는 함수이다.

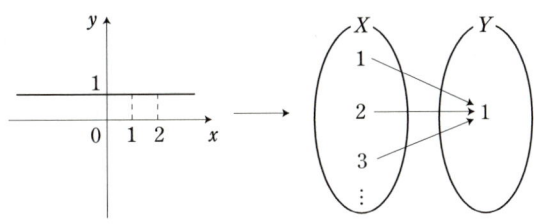

그럼 ④번은 어떠한가? x축의 숫자 1번을 눌렀는데 y축의 숫자는 1, 2, 3, 4, 5 등 수도 없이 많은 숫자들이 나왔다.

이것은 하나의 버튼에 수도 없이 많은 음료수가 튀어나오는 자판기와 같다. 이러한 자판기는 고장난 자판기다. 그러므로 ④번의 경우는 함수가 아니다.

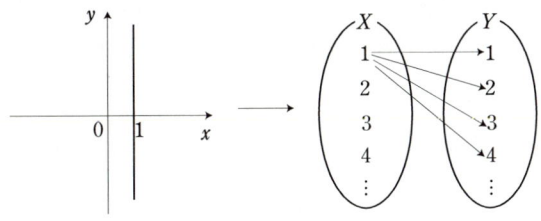

이제 ⑤번을 살펴보자. ⑤번의 경우는 x축의 1번을 눌렀는데 y축의 아무런 숫자도 나오지 않았다. 또한 2번을 눌렀는데도 마찬가지다.

이것은 버튼을 눌렀는데 음료수가 나오지 않는 고장난 자판기와 같다. 이러한 대응은 함수가 아니다.

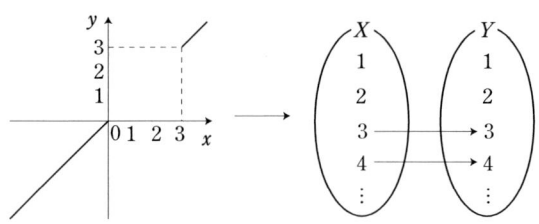

⑥번의 경우를 살펴보자.

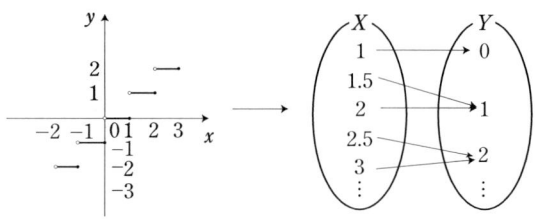

x축의 1을 누르면 y축의 0, 2를 누르면 1, 3을 누르면 2 등으로 되어 있다. 이러한 경우도 고장난 자판기가 아니다. 그러므로 ⑥번의 경우는 함수이다.

결국은 다음 중에서 함수인 것은 ①번, ③번, ⑥번이다.

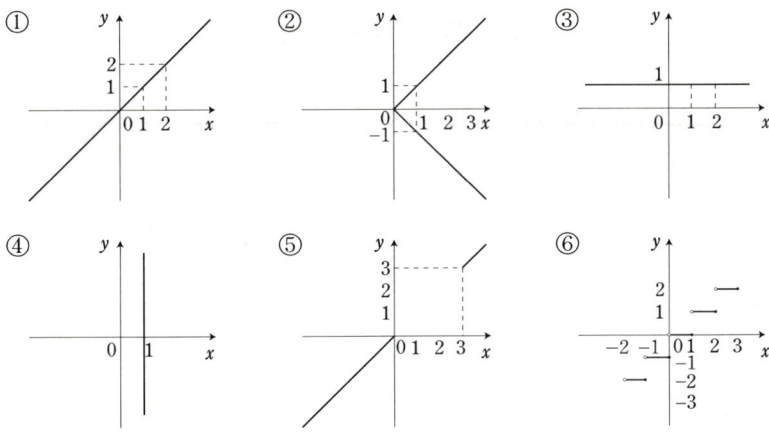

이렇게 앞에서 배운 자판기의 원리를 확실히 알고 있다면 함수를 보다 쉽게 이해할 수 있다.

5. 우리 주변에서 함수를 찾아보자

또다시 나머지 공부 시간이다. 3·10·법·4 선생님과 저·8·계가 이야기를 나누고 있다.

3·10·법·4 : 함수는 우리 주위에서 쉽게 찾아볼 수가 있지. 예를 들면 해가 바뀌면 철수의 나이가 한 살 더 먹는 것도 함수란다.

저·8·계 : 어, 그것이 어떻게 함수가 되셔?

3·10·법·4 : 정확히 말해 연도와 철수의 나이 사이에는 함수 관계가 성립한다는 거야.

저·8·계 : 그래도 이해가 되지 않으셔.

3·10·법·4 : 2001년 철수의 나이는 몇 살이지?

저·8·계 : 열네 살이셔.

3·10·법·4 : 그러면 2002년에는 몇 살이 되느냐?

저·8·계 : 1년이 지났으니까 당연히 열다섯 살이 되셔.

3·10·법·4: 그래, 잘 맞추었다. 2003년에는 열여섯 살이 되고 2004년에는 열일곱 살이 된다는 것은 초등학교 학생도 아는 사실이지.

저·8·계 : 그러서.

3·10·법·4 : 이것을 살펴보면 2001년 열네 살, 2002년 열다섯 살, 2003년 열여섯 살, 이런 식으로 대응을 이루고 있다는 이야기니라.

저·8·계 : 그렇지요.

3·10·법·4 : 다음 그림을 보자. 이 그림은 자판기를 변형하여 만들어 놓은 것처럼 보이는데 함수를 표현하는 하나의 방법인 입출력 기계를 그려 놓은 것이다.

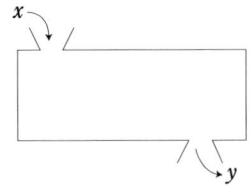

3·10·법·4 : 2001년 철수의 나이가 열네 살이니까 입구에 2001년을 넣으면 밑으로 열네 살이 튀어나올 것이다.

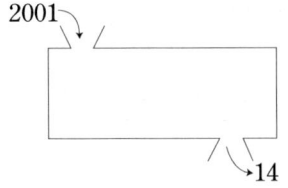

3·10·법·4 : 그렇다면 입구에 2002년을 넣으면 몇 살이 튀어나오겠느냐?

저·8·계 : 당연히 열다섯 살이 튀어나오서.

3·10·법·4 : 그래, 바로 맞추었구나. 이렇게 생각해 보면 2003년에는 열여섯 살, 2004년에는 열일곱 살이 튀어나오겠지.

저·8·계 : 그러셔.

3·10·법·4 : 이것은 앞에서 배웠던 하나의 버튼에 한 개의 음료수가 튀어나오는 자판기와 같은 원리지 않느냐. 2001년 버튼을 누르면 열네 살, 2002년 버튼을 누르면 열다섯 살, 이렇게 튀어나오기 때문이다.

저·8·계 : 정말 그러네.

3·10·법·4 : 이 관계를 화살표 다이어그램으로 표시해 보면 다음과 같은 그림이 만들어진다. 어떠냐, 바로 앞에서 배웠던 일대일 대응을 이루고 있는 함수이지 않느냐. 따라서 해가 바뀌면 나이를 한 살 더 먹는 것도 함수란다.

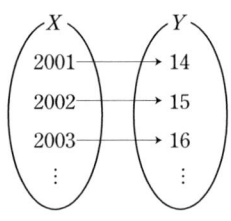

저·8·계 : 아하! 이제야 이해가 되서.

'해가 바뀌면 나이를 한 살 더 먹는다'는 것 외에도 함수는 우리 주위에서 쉽게 찾을 수 있다. 다음과 같은 경우가 그러한 예다.

- 소포의 무게가 늘어나면 우편 요금이 비싸진다.(소포의 무게와 우편 요금의 관계)
- 속도를 높이면 지정된 지점에 빨리 갈 수 있다.(속도와 거리의 관계)
- 상점에서 사과를 많이 살수록 지불하는 돈은 많아진다.(사과의 개수와 지불하는 돈의 관계)

이것도 모두 함수다. 한쪽이 변화하면 다른 쪽이 변화하는 관계. 그리고 이것이 일반적인 대응의 규칙을 이루고 있을 때 함수 관계가 성립하는 것이다.

그렇다면 이런 경우는 어떨까? 다음의 그래프는 시간과 기온의 관계를 그래프로 그린 것이다.

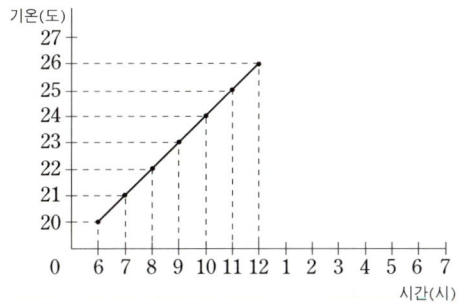

하루의 시간과 기온 사이에는 함수 관계가 성립하는가? 아침 6시에서

12시까지 기온은 1도씩 올라가고 있다. 그렇다면 오후 1시(13시)의 기온은 12시의 기온 26도에서 1도가 올라간 27도인가? 또 오후 2시는 28도, 오후 3시는 29도의 관계가 성립한다는 말인가?

그렇지는 않다. 다시 말해 12시 이후의 기온은 알아볼 수가 없다. 이것은 시간에 따라 기온이 정해지는 관계가 성립하지 않는다는 것을 의미한다.

다시 말해 앞에서 본 연도와 철수의 나이 관계와 같이 한쪽이 정해지면 다른 쪽이 반드시 정해지는 경우와 달리 한쪽이 정해졌다 해도 다른 쪽이 정해지지 않는 경우다. 이것은 함수 관계가 되지 못한다.

앞에서도 말했지만 한쪽이 정해지면 다른 쪽도 반드시 하나가 대응하여 정해질 때 이를 함수라고 하는 것이다.

우리 주위에서는 수도 없이 많은 함수를 찾을 수가 있다. 그런데 얼핏 보기에 함수처럼 보이지만 함수가 아닌 경우도 많다.

함수가 되는 경우와 함수가 되지 않는 경우에 대하여 정확히 알아두는 것은 매우 중요한 과제다.

6. 좌표평면

3·10·법·4 : 저·8·계야 오늘은 나와 함께 갈 데가 있느니라.

　3·10·법·4 선생님과 저·8·계는 타임머신을 타고 16세기 프랑스의 어느 전쟁터로 향했다. 도착한 곳은 어느 막사였고 그곳에는 한 군인이 아침 늦은 시간인데도 침대에 누워 천장에서 움직이고 있는 파리를 유심히 보고 있었다.

저·8·계 : 저 사람은 왜 늦게까지 침대에 누워 있으서?

3·10·법·4 : 저 사람이 그 유명한 데카르트니라. 그는 어렸을 때부터
　　　　　늦게까지 침대에 누워 명상하기를 좋아했거든.

저·8·계 : 그건 왜죠?

3·10·법·4 : 그 이유는 어렸을 때 몸이 허약하여 늦게까지 잠을 잘 수
　　　　　있도록 선생님에게 허락을 받았기 때문이니라. 그 버릇이 군
　　　　　인이 된 지금까지 이어지고 있는 것이지.

이때 데카르트는 천장에서 움직이는 파리를 보고 무언가 생각났다는 듯이 벌떡 일어나 노트에 무언가를 급히 적어 내려가기 시작했다.

저·8·계 : 저 사람은 갑자기 왜 저러셔?

3·10·법·4 : 조용히 하거라. 너는 지금 수학사의 한 획을 그은 좌표평면의 발견을 지켜보고 있는 것이니라.

저·8·계 : 좌표평면은 무엇이고 저 사람은 파리가 이리저리 움직이는 것을 보고 어떻게 좌표평면을 발견했다는 것이셔?

3·10·법·4 : 그래, 그럼 이제부터 이 문제에 대하여 본격적으로 수업을 해보도록 하자.

교실로 돌아와 3·10·법·4 선생님과 저·8·계는 본격적인 수업을 하게 된다.

3·10·법·4 : 수직선 위의 점에 대응하는 수를 그 점의 좌표라고 하느니라. 다음의 그림이 좌표이지.

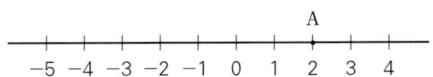

3·10·법·4 : 점 A가 가리키는 수는 몇이냐?

저·8·계 : 2이셔.

3·10·법·4 : 그래, 그러므로 점 A의 좌표는 2가 되는 것이니라.

저·8·계 : 그러면 좌표평면은요?

3·10·법·4 : 좌표평면이란 모든 점의 위치를 좌표로 나타낼 수 있는 평면을 말하지. 다음 그림이 좌표평면이니라.

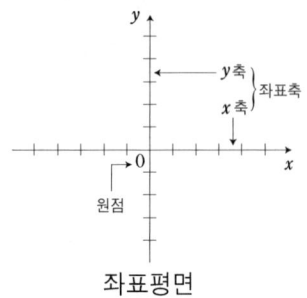

좌표평면

3·10·법·4 : 여기서 문제 하나를 풀어 볼까. (1, 1), (2, 2), (3, 3), (4, 4)로 되어 있는 순서쌍이 있다고 하면 이것을 좌표평면상에 표시해 보아라.

저·8·계 : 어떻게 하는 것이서?

3·10·법·4 : 간단하다. 순서를 이루는 쌍 중에서 앞의 숫자를 좌표평면 상의 가로축, 즉 x축에, 뒤의 숫자를 좌표평면 상의 세로축, 즉 y축에 각각 수선을 내려 만나는 교점이 바로 좌표가 되는 것이니라.

그러자 저·8·계는 무언가 알았다는 듯이 칠판으로 걸어나가 순서쌍에 나와 있는 숫자들을 좌표평면 위에 표시하였다.

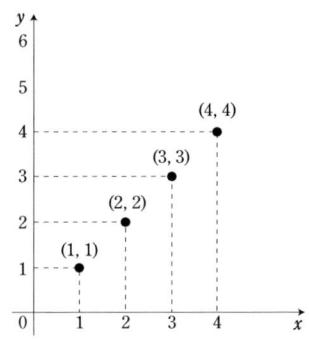

3·10·법·4 : 그래, 잘 맞추었도다. 이제야 이해를 하겠느냐.

저·8·계 : 그런데 데카르트는 천장의 파리의 움직임을 보고 어떻게 좌
표평면을 알아냈던 것이서?

3·10·법·4 : 천장에서 움직이는 파리를 수학적으로 어떻게 나타낼까
를 데카르트는 생각하고 있었던 거야.

저·8·계 : 오호라.

3·10·법·4 : 그때 데카르트는 가로축과 세로축을 만들고 숫자를 표시
하면 이 파리의 움직임을 아주 쉽게 나타낼 수가 있다는 것을
알아냈던 거지.

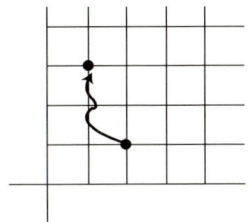

저·8·계 : 아, 파리 한 마리가 좌표평면을 만들게 된 원인을 제공해 준
것이네요.

3·10·법·4 : 바로 그거야.

좌표평면은 앞에서 살펴보았듯 16세기의 수학자이며 철학자인 데카
르트가 발견하였다. 바둑판을 떠올려 보면 좌표평면을 쉽게 이해할 수
있다.

여러분이 바둑 강좌를 들을 때 '삼삼에 침투했다'는 말을 자주 들을

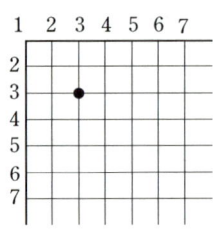

것이다. 왼쪽 그림은 바둑판에서 삼삼의 위치를 나타낸다.

　이 바둑판을 약간만 변형하여 평면에 표시해 보면 다음 그림과 같이 된다. 이 평면 위에서 삼삼이라면 가로로 삼, 세로로 삼을 이동한 위치다.

이렇게 좌표평면은 어떤 점의 위치를 숫자로 쉽게 표현할 수가 있다. 바둑판의 삼삼에 돌을 놓는 것처럼 말이다. 또 하나의 예를 들어 보자. 다음 그림은 어느 교실의 책상 배열을 나타낸 것이다.

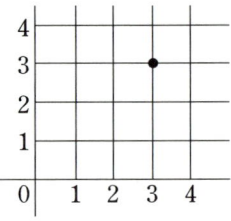

　선생님이 철수의 이름을 모른다고 가정하면 선생님은 철수를 가리켜 "삼분단 네 번째 줄에 앉아 있는 학생" 하고 부를 것이다.

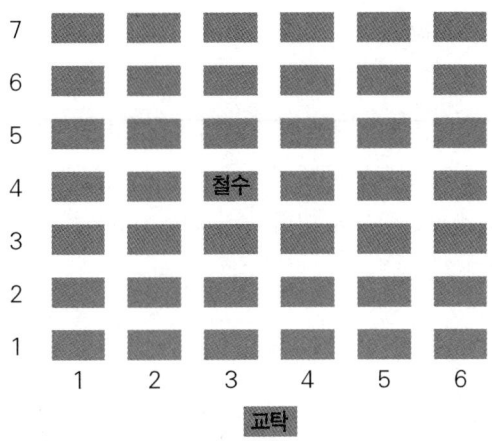

이것을 다시 정리해 보면 철수가 앉아 있는 위치는 가로로 세 번째, 세로로 네 번째에 있는 자리다. 그러니까 가로로 3, 세로로 4의 위치가 철수가 앉아 있는 자리다. 이것을 좌표평면 위에 나타내 보면 다음과 같다.

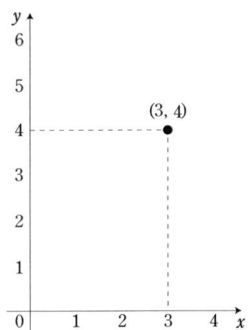

이렇듯 앞의 바둑판이나 책상의 배열처럼 좌표평면은 모든 점의 위치를 좌표로 나타낼 수 있다.

7. 그래프

3·10·법·4 : 이 욕조에는 물이 바닥에서 8cm 높이까지 들어 있지. 1
분마다 3cm씩 물의 높이가 올라가고 있는데 시간과 물의 높
이의 관계를 한눈에 알아보는 방법이 없을까? 알아보기 쉽게
말이지.

손·5·0 : 표로 나타내 보면 어떨까요? 다음과 같이 말이에요. 그러면
시간에 대응되는 물의 높이를 한눈에 볼 수 있지 않겠어요?

시간(분)	1	2	3	4	…
물의 높이(cm)	11	14	17	20	…

3·10·법·4 : 그래, 좋은 생각이다. 그런데 문제가 있어. 2분과 3분 사
이에 해당하는 시간, 즉 2분 30초 시점의 물의 높이라든지, 5

분 후의 물의 높이 등은 표에 나타나 있지 않지. 또 다른 방법이 없을까?

4·5·정 : 식을 써서 앞의 관계를 표현해 보는 거예요. 물의 높이를 $y$cm, 시간을 x분이라고 하면 물이 늘어나는 속도는 1분 동안에 3cm이므로 $y=3x+8$이라는 관계식이 만들어지잖아요. 3분 후의 물의 높이는 다음과 같이 계산하여 17cm라는 것을 알 수가 있고요.

$y=3x+8$

y : 물의 높이 x : 시간

3분의 후의 물의 높이 $= 3 \times 3 + 8 = 17$(cm)

4·5·정 : 그리고 2분과 3분 사이의 물의 높이라든지 5분 후의 물의 높이도 쉽게 알 수가 있어요. 왜냐하면 계산을 해 보면 되니까요. 예를 들면 2.5분 후의 물의 높이는 15.5cm, 6분 후의 물의 높이는 26cm, 이렇게 말이지요. 그러니까 식으로 표현하면 쉽게 알아볼 수 있지 않겠어요?

2.5분 후의 물의 높이 : $3 \times 2.5 + 8 = 15.5$(cm)

6분 후의 물의 높이 : $3 \times 6 + 8 = 26$(cm)

3·10·법·4 : 그래, 식으로 표현하는 방법도 좋은 방법이지. 그런데 식으로 표현하면 일일이 계산을 해야 하는 불편이 있지 않니. 다시 말해 물이 늘어나는 속도는 어느 정도인지, 또는 늘어나는 정도는 일정한지, 아니면 시간이 지날수록 증가하는지,

이러한 것을 식을 통해서는 한눈에 알아볼 수가 없다는 것이
야.

저·8·계 : 그러면 어떤 방법이 있으서?

3·10·법·4 : 앞에서 배운 좌표평면을 이용하면 되지. 바로 그래프를
만들어 보는 거야.

손·5·0 : 그래프가 뭔데요?

3·10·법·4 : 앞의 관계를 좌표평면 위에 점을 찍어 선으로 이으면 그
래프가 되는 것이니라.

　3·10·법·4 선생님은 칠판에 물의 높이와 시간의 관계를 그래프로
그려 갔다.

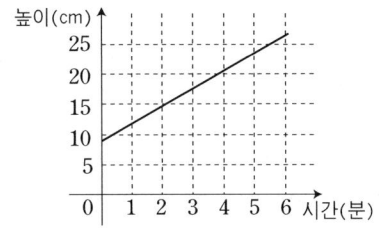

3·10·법·4 : 어떠냐. 이 그래프를 보면 변화해 가는 수량의 관계를 한
눈에 알아볼 수가 있지 않느냐. 다시 말해 물의 양이 증가하
는 모습을 말이다.

학생들 : 정말 그러네요?

3·10·법·4 : 그러면 그래프에서 알 수 있는 것을 정리해 볼까? 자, 받
아 적어라.

　잠시 후 3·10·법·4 선생님은 칠판에 다음과 같이 적었다.

그래프의 장점

1. 변해 가는 모양을 알 수가 있다. 그래프가 직선으로 나타나 있으므로 시간마다 물이 불어나는 정도에는 변화가 없음을 알 수 있다.

2. 시간이 0분일 때의 물 높이가 8cm이므로 처음부터 8cm 높이의 물이 들어 있었음을 알 수 있다.

3. 표에 나타나 있지 않은 시간의 물 높이도 일일이 계산하지 않고 그래프의 눈금을 읽어서 알 수 있다.

4. 반대로 어느 만큼의 높이가 되기까지 걸린 시간을 읽어낼 수 있다.

3·10·법·4 : 어떠냐. 이와 같이 변화해 나가는 모양을 그래프로 나타내면 표나 식으로 나타낸 것보다 알아보기 쉬울 뿐만 아니라 앞으로 변해 갈 모양을 예측할 수 있다는 장점이 있지.

저·8·계 : 아, 그러니까, 함수 하면 가장 많이 생각나는 것이 그래프이구만요.

3·10·법·4 : 그렇지. 함수를 배울 때 그래프가 가장 많이 사용되지. 그 이유는 변하는 모양의 함수 관계를 가장 잘 나타내고 있는 것이 그래프이기 때문이란다. 이제 알겠느냐?

학생들 : 네.

함수를 표현하는 방법에는 여러 가지가 있다. 예를 들어 사과가 한 개면 100원, 두 개면 200원, 세 개이면 300원, 하는 식으로 사과의 개수와 가격이 함수 관계일 때, 이 대응 관계를 여러 가지로 표현해 보자.

1. 화살표 다이어그램

사과의 개수와 사과의 가격을 화살표로 나타낸다.

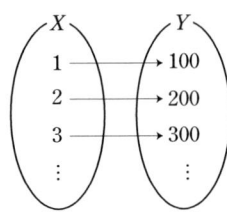

2. 순서쌍

순서쌍이란 순서를 생각하여 짝지은 것을 말한다. 먼저 변하는 것을 앞쪽에 쓰고, 그에 따라서 변하는 것을 뒤쪽에 쓴다.

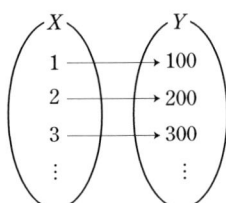

순서쌍 : (1, 100), (2, 200), (3, 300), …

3. 입출력 기계

자판기를 연상해 보면 쉽게 이해할 수 있다.

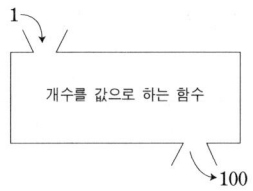

4. 표

앞의 관계를 표로 나타내어 정리를 하는 방법이다.

사과의 개수	1	2	3	...
값	100	200	300	...

5. 식

사과의 개수를 x, 사과의 가격을 y라 하면, 사과의 개수와 값 사이에는 다음과 같은 식이 만들어진다.

$$y = 100x$$

6. 그래프

사과의 개수와 값의 관계를 좌표평면 위에 나타내는 방법이다.

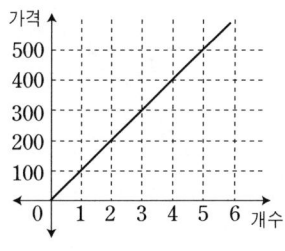

여섯 가지 방법 중에서 변화하는 수량의 함수 관계를 가장 잘 표현하고 있는 것이 그래프이다.

8. 방정식과 함수의 관계

오늘도 즐거운 수학 시간. 3·10·법·4 선생님이 칠판에 다음과 같이
쓰셨다.

    ① $x+4$

    ② $x+4=0$

    ③ $x+y+4=0$

    ④ $y=-x-4$

3·10·법·4 : 누가 이 네 가지의 차이점에 대해 말해 보아라.

4·5·정 : ①번과 ②번은 방정식이고요, ③번과 ④번은 함수예요.

저·8·계 : ①번은 그냥 식을 말하는 것이고 ②번과 ③번은 방정식을,

그리고 ④번은 함수를 말하는 것이서.

손·5·0 : ①번, ②번, ③번은 방정식이고요 ④번은 함수예요.

2·2(둘리) : ①번, ②번, ③번, ④번 다 방정식이고 또한 함수이기도 하지요.

꼬비 : ①번은 식, ②번은 방정식, ③번과 ④번은 방정식이면서 또한 함수예요.

과연 누구의 말이 정답일까?

여러분은 다섯 사람이 말한 것 중에 누구의 답이 정답이라고 생각하는가? 아리송하다고? 그렇다면 한 가지씩 따져 보자.

먼저 ①번 $x+4$의 경우는 단순히 식이라고 말한다. 식이라고 하면 숫자, 기호, 문자 등을 써서 정해진 약속에 따라 나타낸 하나의 문장이라고 할 수가 있다. 다시 말해 말 또는 문장을 숫자, 기호, 문자 등을 써서 나타내는 것을 말한다.

②번 $x+4=0$의 경우를 살펴보자. 이것을 우리는 방정식이라고 한다. 방정식이란 미지수인 문자에 특별한 값을 대입하였을 때에만 성립하는 등식을 말하는 것이다. 물론 방정식도 하나의 식이다.

③번 $x+y+4=0$의 경우는 이원일차방정식이라고 배웠을 것이다. 이원일차방정식이란 두 개의 변수, 즉 x, y를 가지는 일차방정식을 말한다.

이원일차방정식도 하나의 방정식이다. 그러면 $x+y+4=0$은 함수인가? 다음과 같이 생각해 보자. x의 여러 값에 대한 y값을 구하면 다음과 같은 표가 만들어질 것이다.

x	$\cdots$	-3	-2	-1	0	1	2	3	4	$\cdots$
y	$\cdots$	-1	-2	-3	-4	-5	-6	-7	-8	$\cdots$

이것은 무엇을 말하고 있는가? $x+y+4=0$은 x의 한 값에 대하여 y의 한 값이 정해진다는 것을 이야기해 주고 있다. 즉 x의 값에 y값을 대응시키면 한 개의 함수 $f:X \rightarrow Y$를 생각할 수 있다. 다시 말해 $x+y+4=0$은 어느 한쪽이 변하면 다른 쪽도 변하는 함수인 것이다.

그런데 $x+y+4=0$은 어느 쪽이 변하는 주체가 되는지 명확하지 않다. 다시 말해, x값이 변하는 것에 따라 y값이 변하는 것인지, 아니면 y값이 변하는 것에 따라 x값이 변하는 것인지에 대하여 명확하지가 않은 것이다. 어쨌든 ③번 $x+y+4=0$은 방정식이면서 함수이기도 하다.

그럼 마지막으로 ④번 $y=-x-4$인 경우를 생각해 보자. 이것은 분명 함수다. 정확히 말해서 x에 대한 일차함수다. 다시 말해, x값의 변화에 따라 y값이 변하는 것을 명확히 제시해 주고 있다. 함수를 나타낼 때, 보통 ④번과 같이 $y=ax+b$ 꼴로 나타낸다.

그러면 $y=-x-4$는 방정식일까? 당연히 그렇다. 왜냐하면 $y=-x-4$에서 우변을 이항하면 $x+y+4=0$인 방정식 꼴로 나타낼 수가 있기 때문이다.

그러므로 ④번 $y=-x-4$도 함수이면서 방정식이기도 한 것이다.

보통의 경우 방정식을 나타낼 때는 $ax+by+c=0$의 꼴로 나타내고, 함수를 나타낼 때는 $y=ax+b$의 꼴로 나타낸다.

일반적으로, 일차방정식 $ax+bx+c=0$의 그래프를 그리려면 그 식을 y에 관하여 푼 다음, 일차함수 y의 그래프를 그리면 된다.

① $x+4$: 식

② $x+4=0$: 방정식

③ $x+y+4=0$: 방정식, 함수

④ $y=-x-4$: 함수, 방정식

9. 사다리 타기

점심시간이다. 저·8·계는 친구들에게 제안을 한다.

저·8·계 : 날씨도 좋은데 우리 사다리 타기 해서 음료수 사다 먹을까?

친구들 : 좋지.

손·5·0이 잽싸게 사다리를 그렸다.

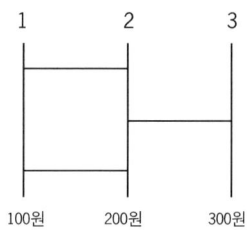

손·5·0 : 자, 골라.

저·8·계가 먼저 1번을 골랐고, 그 다음으로 4·5·정이 2번, 마지막
으로 손·5·0은 3번을 골랐다.

손·5·0 : 자, 그러면 사다리를 타 볼까?

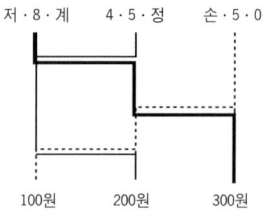

사다리를 탄 결과는 저·8·계가 300원, 4·5·정은 200원, 손·5·0

은 100원이 되었다.

저·8·계 : 우이씨, 또 내가 제일 많은 금액이 걸렸어.

　그런데 4·5·정이 한 가지 의문점을 제시했다.

4·5·정 : 잠깐, 이거 무언가 이상한데. 왜 사다리 타기를 하면 같은 금
　　　　액이 두 번 또는 세 번 나오지 않는 거지? 다시 말해 300원이
　　　　두 번 또는 세 번 걸릴 수도 있는데 말이지.

손·5·0 : 그게 무슨 말이야?

4·5·정 : 내 이야기는 먼저 저·8·계가 사다리 타기를 해서 300원이
　　　　걸렸고 나 4·5·정이 사다리 타기를 해서 200원이 걸렸지.

손·5·0 : 그런데?

4·5·정 : 그런데 세 번째로 고른 손·5·0은 왜 항상 100원이 걸리냐는
　　　　말이야. 200원이나 300원이 걸릴 수도 있는데 말이지.

저·8·계 : 맞다. 그거 참 이상한데, 이거 손·5·0이 속인 거 아니셔?

손·5·0 : 무슨 말이야. 나는 마지막으로 고른 죄밖에 없어.

저·8·계 : 이건 무효야!

4·5·정 : 이건 무효야!

손·5·0 : 이씨. 무슨 무효야, 빨리 돈 안 내?

4·5·정 : 돈 못 줘.

저·8·계 : 나도.

이들은 결국 사다리 타기 하다가 주먹질로 끝을 맺고 말았다. 여러분은 누구 말이 맞는 것 같은가?

여러분도 사다리 타기를 해 보았을 것이다. 그런데 사다리 타기를 해 보면 금액을 달리 하였을 경우에는 같은 금액이 두 번 나오는 경우는 없다.

왜 그럴까? 그것은 일대일 대응의 원리를 알고 있으면 이해하기 쉽다. 아래와 같이 일대일 대응을 이루고 있는 두 함수가 있다.

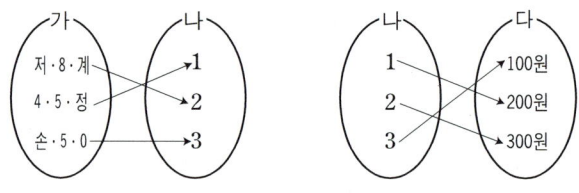

이 두 함수를 자세히 보면 가의 집합은 나의 집합에 일대일 대응을 하고 있고 나의 집합은 다의 집합에 일대일 대응을 하고 있다. 이들을 다음과 같이 합성하여 보자.

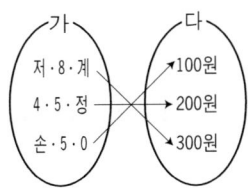

　그러면 한 가지 사실을 알게 된다. 가 집합의 원소는 다 집합의 원소와 대응하는 새로운 함수가 탄생하게 된다는 것을 말이다.

　예를 들면 가 집합의 저·8·계는 다 집합의 원소 300원과 대응하고, 가 집합의 4·5·정은 다 집합의 원소 200원과, 가 집합의 손·5·0은 다 집합의 100원과 연결되는 새로운 함수가 탄생하게 되는 것이다.

　그런데 이렇게 새로 태어난 함수도 일대일 대응을 이루고 있는 함수다. 즉 일대일 대응을 이루고 있는 함수를 합성하면 다시 일대일 대응을 이루고 있는 함수가 탄생하게 된다.

　이것은 많은 일대일 대응 함수를 합성하더라도 같은 결과를 얻는다. 앞에서 손·5·0이 그렸던 사다리 타기 예를 들어 볼까? 앞의 사다리 타기를 다음과 같이 세분해 보자.

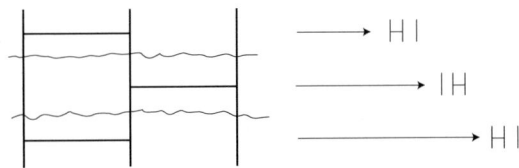

　그러면 ㅓ ㅣ, ㅣ ㅓ의 두 가지 경우가 계속 반복되고 있다는 것을 알 수 있다.

이들을 다시 다음과 같이 이어진 선을 직선으로 만들어 보면 앞에서와 같이 일대일 대응을 이루고 있는 함수가 탄생한다.

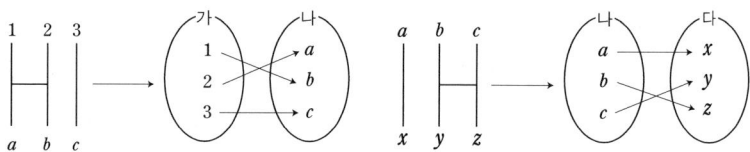

그러므로 이들의 사다리 타기는 같은 금액이 두 번 나올 수가 없는 것이다. 왜냐하면 일대일 대응을 이루고 있는 함수를 합성한 결과이므로 다시 일대일 대응 함수가 탄생할 수밖에 없기 때문이다.

어떤 모양의 사다리 타기를 해 보아도 같은 결과를 얻는다. 그러므로 사다리 타기를 할 때 금액을 달리하면 같은 금액이 두 번 걸리는 경우는 생기지 않는다.

10. 함수의 역사

대응의 원리는 앞에서(p.16) 추장이 부하들의 숫자를 세는 방법을 통해 살펴보았듯 고대부터 활용되어 왔다. 물론 고대 사람들은 대응의 원리를 이론적으로 받아들였던 것은 아니었다.

이론적으로 발전을 한 것은 17세기에 와서이다. 그런데 그 당시에는 함수의 개념을 대응을 통하여 인식하지는 못했다. 다시 말해, 곡선이나 식으로 나타낼 수 있는 것을 함수로 생각했던 것이다. 당연히 함수의 범위는 좁아질 수밖에 없었다.

함수의 개념을 최초로 이론적으로 발전시킨 사람은 독일의 라이프니츠(1646~1716)였는데 그는 함수의 개념을 다음과 같이 정리하였다.

"변수 X값의 변화에 따라서 다른 변수 Y가 정해진다면, Y를 X의 '함수'라고 정의하고, 함수와 곡선을 같은 것으로 보아 곡선이 함수를 규정한다. 또한 함수라는 것은 방정식으로 표시된다."

이 말을 간단히 요약하면 함수는 단순히 수식으로만 표현할 수 있고 곡선이 함수를 규정하고 있다고 생각했던 것이다.

그후 18세기에 와서 오일러는 함수는 직선이나 곡선으로 나타낼 수도 있다는 사실을 알았지만 그도 대응에 의해 함수를 정의하지는 않았다.

함수를 대응에 의하여 규정한 사람은 18세기 프랑스의 코시였다. 그는 식으로 나타난다는 조건을 붙이지 않고 단지 변수 사이의 관계, 다시 말해 대응으로 함수를 규정하였다.

그후 독일의 디리클레(1805~1859)는 코시의 정의를 지켜 대응만 있으면 수식 등의 규칙은 없어도 된다는 개념을 확립하였다.

코시는 프랑스 혁명이 일어났던 해인 1789년에 태어났다. 그의 어린 시절은 혁명의 시기였고 코시도 그 혁명의 소용돌이 영향을 받게 된다. 영양 부족이 그것이었다. 그 결과 코시는 병약한 아이로 성장했고 신체 발육이 늦었다. 그의 건강이 회복되기 시작한 것은 20세가 되고서부터이다.

교육적인 문제도 있었다. 학교는 폐쇄되었고 피난 생활을 했기 때문에 마땅히 교육 받을 만한 장소가 없었다. 그러나 관료였던 그의 아버지는 높은 수양을 가진 사람이었기 때문에 코시의 교육을 직접 담당했고 심지어 손수 교재를 만들어 아들을 가르치기도 했다. 그의 근처에는 그 당시 대수학자인 라그랑주(1736~1813)와 라플라스(1749~1827)가 살았기 때문에 자연스럽게 수학과 친해질 수가 있었다.

코시는 16세 때 고등이공과학교(에콜 폴리테크니크)에 입학하고 다시 그 이듬해 토목기사학교로 옮겨 학교 과정을 수료하게 된다. 그러고 나서 토목 기사가 되어 쉘부르의 축항 공사에 종사하게 되는데 이때에도 그는 틈나는 대로 수학 연구에 몰두하였다.

24세 때 과로에 지쳐 파리에 되돌아 온 그는 두 개의 논문을 발표하여 서서히 수학자들의 주목을 받게 된다. 26세가 된 1815년에는 수학상의 업적을 인정받아 고등이공과학교의 교수가 되었고, 그 이듬해에 과학아카데미 회원이 되었다.

그는 종교적으로는 가톨릭이며, 정치적으로는 발자크와 같은 정통 왕당파였다. 이러한 배경은 그에게 커다란 시련을 안겨 주었다. 1830년 7월 혁명으로 왕위에 오른 루이 필립은 프랑스의 모든 정치가, 귀족, 학자에게 왕에게 충성을 맹세하는 서약을 할 것을 지시하였는데 가톨릭이면서 왕당파였던 코시는 지조를 지켜 이 서약을 거부하였다. 이로 말미

암아 프랑스 내에서 일체의 공직 취임이 불가능하게 되었고, 이탈리아로 피신하여 그곳에서 새로운 강좌를 맡아 강의를 하게 된다.

그후 프라하에서 지내다가 1838년 파리로 돌아왔지만 그때에도 역시 선서를 거부했기 때문에 교수가 될 수 없었다. 그러나 그는 운 좋게 서약이 필요 없는 측량국에 선임되었다. 그뒤 법률이 관대해져 공직의 취임이 허용되었고 소르본 대학 교수가 되어 평생 그곳에서 교직 생활을 했다.

그가 연구한 분야는 수학의 전 영역을 망라하고 있다. 특히 함수에 대한 것은 앞에서도 살펴보았듯이 그의 업적 중 중요한 위치를 차지하는 분야다.

그는 다작을 한 사람으로도 유명하다. 무려 789편의 논문을 썼는데 그 양은 오일러나 케일리(1821~1895)만이 능가했을 뿐이다. 또한 30쪽에 달하는 논문을 일주일에 여러 학회지에 제출하기도 했는데 이로 말미암아 파리의 과학아카데미는 학회지에 보내오는 그의 논문 분량을 4쪽으로 제한해야 할 정도였다.

■ 참고 : 사상과 함수
여러분은 사상이라는 말을 들어 본 적이 있을 것이다. 그 한문 뜻을 해석하면 베낄 사(寫), 모양 상(像)으로, 모양을 베낀다는 의미다. 이것은 투영한다는 의미로 해석하는 경우가 많다. 다음과 같은 영사기를 생각해 보면 쉽게 이해할 수 있다.

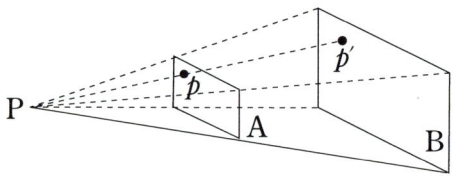

그림에서 앞에 나와 있는 A를 필름, 뒤에 있는 판 B를 스크린이라고 하자. A에 나와 있는 점 p를 스크린에 비춘다고 하면, 다시 말해 투영한다고 하면 p의 상은 스크린 B에 나타나게 된다.

스크린 B에 나타난 상을 p' 라고 하면, 점 p는 투영에 의하여 p' 에 대응하게 되어 있다. 이것이 바로 사상의 원리인 것이다.

사상을 수학적으로 정의하면 다음과 같다.

'공집합이 아닌 임의의 두 집합 X, Y에서 X의 각 원소에 대하여 Y의 원소가 오직 한 개씩 정해질 때, 이 대응 관계 f를 X에서 Y로의 사상이라고 한다.'

그런데 여러분은 이 사상의 정의를 듣고 이상한 생각이 들지 않았는가? 사상의 정의가 앞에서 말한 함수의 정의와 똑같지 않은가! 사상은 함수와 같은 의미다. 그렇다면 함수라고 하지 않고 왜 사상이라는 말을 쓰고 있을까?

그것은 데데킨트(1831~1916)가 함수를 정의한 데서 비롯된다. 데데킨트는 사상의 특수한 경우, 다시 말해 두 집합 X와 Y가 '수'로 이루어진 집합이면 이 사상을 함수라고 했던 것이다.

그렇지만 시대가 지나면서 함수의 개념이 적용되는 범위가 넓어짐에 따라, 수로 이루어진 집합이 아니더라도 함수라고 생각하게 되었다.

물론 현재도 사상과 함수를 구별하여 사용하는 경우가 있지만 대부분의 경우는 사상과 함수를 같은 의미로 해석하고 있다.

2장 대수학

대수학은 수 대신에 문자를 기호로 사용하여 수의 성질이나 관계를 연구하는 수학이다. 대수의 대표적인 것이 방정식이다. 이 단원에서는 대수학의 역사를 시대순으로 기술하였다. 고대부터 19세기까지를 다루고 있고, 20세기 현대 대수학은 여러분이 이해하기 어려운 내용이므로 제외시켰다.

시대순으로 기술하면서도 그 속에서 여러분이 배우는 교과 과정을 자연스럽게 다루고 있기 때문에 학교에서 배우는 내용과 연계해서 책을 읽어 주었으면 한다.

또한 이차방정식의 근의 공식, 복소수 등의 내용을 다루고 있는데 이는 중학교 1, 2학년 학생이 읽기에 어렵다고 생각하겠지만 중학교 3학년 또는 고등학교에 올라가면 배우는 내용이므로 예습한다는 생각으로 읽어 주었으면 한다. 아직 배우지 않은 내용이라도 그 기초 개념에 대해 설명하려고 노력했기 때문에 큰 어려움은 없을 것이다.

1. 메소포타미아

3·10·법·4 : 오늘은 메소포타미아에서의 방정식에 대한 문제를 살펴
보려고 하느니라.

학생들 : 네.

3·10·법·4 : 먼저 수업에 들어가기 전에 이차방정식 $x^2-6x=5$를 완
전제곱식을 이용하여 풀어 보자.

＊완전제곱식 : $(a+b)^2$, $3(a-b)^2$과 같이, 다항식의 제곱으로 된 식이나, 이 식에 상수를
곱한 식

학생들 : 네.

3·10·법·4 : 방정식 $x^2-6x=5$의 좌변을 완전제곱식으로 만들기 위하
여 x의 계수 -6의 $\dfrac{1}{2}$인 $-\dfrac{6}{2}$의 제곱을 양변에 더하여 풀어
보면 다음과 같지.

$$x^2 - 6x = 5$$

$$x^2 - 6x + \left(-\frac{6}{2}\right)^2 = 5 + \left(-\frac{6}{2}\right)^2$$

$$\left(x - \frac{6}{2}\right)^2 = \left(\frac{6}{2}\right)^2 + 5$$

$$x - \frac{6}{2} = \pm\sqrt{\left(\frac{6}{2}\right)^2 + 5}$$

$$x = \pm\sqrt{\left(\frac{6}{2}\right)^2 + 5} + \frac{6}{2}$$

$$x = 3 \pm \sqrt{14}$$

저·8·계 : 좀 어려운데요.

3·10·법·4 : 좀 어려워도 참아라. 어차피 중학교 3학년이 되면 다 배우는 거니까. 위의 식으로 우리는 중요한 원리를 알게 되느니라.

그것은 $x^2 - px = q$의 근은 $x = \sqrt{\left(\dfrac{p}{2}\right)^2 + q} + \dfrac{p}{2}$ 로 구할 수 있다는 거야.

$$x^2 - 6x = 5 \qquad\qquad \rightarrow x^2 - px = q \text{에서 } p = 6 \quad q = 5$$

$$x = \pm\sqrt{\left(\frac{6}{2}\right)^2 + 5} + \frac{6}{2} \qquad\qquad \rightarrow x = \pm\sqrt{\left(\frac{p}{2}\right)^2 + q} + \frac{p}{2}$$

저·8·계 : 오호라. 이런 간단한 방법이 있었구나.

3·10·법·4 : 그러면 $x^2 - x = 870$이라는 이차방정식을 풀어 보면 양수값은 30이 나오지.

$$x^2 - x = 870 \rightarrow x^2 - px = q \text{에서} \qquad\qquad p = 1 \qquad q = 870$$

$$x = \sqrt{\left(\frac{p}{2}\right)^2 + q} + \frac{p}{2} \text{ 에 대입하면} \qquad\qquad x = \sqrt{\left(\frac{1}{2}\right)^2 + 870} + \frac{1}{2}$$

$$x = \sqrt{\frac{3481}{4}} + \frac{1}{2}$$

$$x = \sqrt{\left(\frac{59}{2}\right)^2} + \frac{1}{2}$$

$$x = \frac{59}{2} + \frac{1}{2}$$

$$x = 30$$

4·5·정 : 그런데 왜 이 내용을 배우는 거지요? 오늘은 메소포타미아에서의 방정식에 대한 문제를 살펴보려 하지 않았나요?

3·10·법·4 : 메소포타미아의 문헌을 보면 위의 내용이 나오기 때문이야. 메소포타미아 문제 중에는 다음과 같은 것이 있지. "정사각형의 넓이에서 정사각형의 한 변의 크기를 뺀 값이 14,30일 때 그 정사각형의 한 변을 구하라."

4·5·정 : 위의 내용이 대체 무엇을 의미하는 거예요?

3·10·법·4 : 메소포타미아 수학에서는 미지수를 나타낼 때 지금 우리가 쓰고 있는 x^2, x, y 등의 문자를 쓰지는 않았지. 그 대신 이러한 미지수들을 넓이, 부피, 길이 등의 낱말로 표현했단다.

저·8·계 : 그러면 14,30이라는 말은 무슨 의미셔?

3·10·법·4 : 메소포타미아는 60진법을 쓰고 있었다는 것을 알아야 해. 14,30의 뜻은 14×60+30이라는 의미, 그러니까 지금으로 말하면 870을 말하는 거야. 자, 그러면 위의 내용이 의미하는 것을 알아볼까. 정사각형의 한 변의 길이를 x라 하면 그 넓이는 x^2이 되지. 그러니까 정사각형의 넓이에서 정사각형의 한 변의 크기를 뺀 값이 14,30일 때 그 정사각형의 한 변을 구하라는 문제는 $x^2-x=870$에서 x값을 구하라는 내용이야.

저·8·계 : 아, 그렇구나. 그렇다면 그 해답은 어떻게 적혀 있으셔?

3·10·법·4 : 1의 절반을 취하라. 이것은 0 ; 30이다. 0 ; 30에 0 ; 30을 곱하면 0 ; 15이다. 이것을 14,30에 더하면 14,30 ; 15가 된다. 이것은 29 ; 30의 제곱이다. 여기서 0 ; 30을 29 ; 30에 더하면 30이 되는데, 이것이 구하는 정사각형의 한 변의 값이다.

저·8·계 : 잠깐만, 여기서 0 ; 30이라는 말은 무슨 말이셔?

3·10·법·4 : ; 의 표시는 지금의 소수점을 말하는 거야. 그러니까 아까 , 와는 반대로 ; 의 뒤의 숫자는 60으로 나누면 되지.

0 ; 30은 $0+\dfrac{30}{60}$을 말하는 것이니까 $\dfrac{1}{2}$을 나타내는 거야.

0 ; 15는 $0+\dfrac{15}{60}$이니까 $\dfrac{1}{4}$을 말하는 것이겠지. 그러면 앞의 풀이 과정을 오늘날의 식으로 바꾸는 작업을 해 볼까.

1의 절반을 취하라. 이것은 0 ; 30이다. → $\dfrac{1}{2}$

0 ; 30에 0 ; 30을 곱하면 0 ; 15이다. → $\left(\dfrac{1}{2}\right)^2=\dfrac{1}{4}$

이것을 14,30에 더하면 14,30 ; 15가 된다. → $870+\dfrac{1}{4}$

이것은 29 ; 30의 제곱이다. → $\left(29+\dfrac{1}{2}\right)^2=\left(\dfrac{59}{2}\right)^2$

여기서 0 ; 30을 29 ; 30에 더하면 30이 된다. → $\dfrac{1}{2}+\dfrac{59}{2}=30$

이것이 구하는 정사각형의 값이다. → 답은 30

저·8·계 : 잠깐만, 이것은 아까 $x=\sqrt{\left(\dfrac{1}{2}\right)^2+870}+\dfrac{1}{2}$을 푸는 과정이잖아요.

3·10·법·4 : 이제야 눈치를 챘군. 이 내용은 아까 배운 내용 $x^2-px=q$에서 x값을 $x=\sqrt{\left(\dfrac{p}{2}\right)^2+q}+\dfrac{p}{2}$라는 식으로 풀고 있는 것과 같아.

저·8·계 : 그렇다면 $x^2-px=q$의 근은 오늘날 우리가 배우는 것과 같이

$$x = \sqrt{\left(\frac{p}{2}\right)^2 + q} + \frac{p}{2}$$ 로 구할 수 있다는 것을 기원전에 살았

던 메소포타미아 사람들이 알고 있었다는 말이군요.

3·10·법·4 : 그렇지. 그러니까 메소포타미아 사람들이 방정식을 푸는
방법이 얼마나 뛰어났는지 알 수가 있지.

손·5·0 : 그런데 이차방정식을 풀면 근은 음수와 양수가 나온다고 배
웠는데 메소포타미아 사람들은 음수는 다루지 않았나 보지
요?

3·10·법·4 : 그렇지. 음수가 수로서 인정된 것은 훨씬 후의 일이란
다.

대수학의 기원은 메소포타미아 문명에서 찾을 수 있다. 메소포타미아
사람들은 기하학보다는 대수학에 뛰어났다.

메소포타미아 문명은 기원전 4000년경 티그리스 강과 유프라테스 강
사이, 그러니까 지금의 터키와 시리아, 이라크 등의 지역에서 탄생한 문
명이다. 메소포타미아라는 말은 '강 사이의 토지'라는 뜻이다.

메소포타미아 문명을 바빌로니아 문명이라고도 하는데 이것은 바빌
로니아 인이 세운 왕조가 오랜 기간 동안 이 지역을 지배했기 때문이다.
이들의 기록이 알려지기 시작한 것은 19세기 중엽 이후 메소포타미아
지방에서 약 50만 개의 진흙판이 발견되면서부터인데 이 중 수학에 관
한 내용은 약 300개가 있고 진흙판의 연대는 기원전 2200년에서 기원
전 1350년까지의 것이 많다.

이들 점토판에는 대수에 관한 내용이 많은데 1차, 2차, 3차의 방정식

고대 바빌로니아 지역

과 연립 이원이차방정식까지 나와 있다. 이집트의 대수학이 대부분 일차 방정식을 다루었던 것에 비하면 놀라운 실력이었다고 할 수가 있다.

앞에서 살펴보았듯이 $x^2 - px = q$의 풀이를 지금 시대의 근의 공식 $x = \sqrt{\left(\dfrac{p}{2}\right)^2 + q} + \dfrac{p}{2}$으로 풀고 있는 것을 보아도 이 같은 사실을 잘 알수가 있다. 그들은 도형에 관한 문제도 방정식으로 풀었다.

그들은 또한 지금의 인수분해 공식에 대하여 많이 알고 있었던 것으로 추정되며 여러 가지 표를 사용하여 계산을 하는 데 활용하였다.

그러면 참고로 그들의 문자에 대하여 잠깐 살펴보자. 앞의 문제에서 나온 14,30을 아라비아 숫자로 적은 표기는 원래 ◀ ᵂᵥ ◀◀◀ 표기이다. 이 같은 문자를 쐐기문자라고 한다. 그들의 쐐기문자를 보자.

1	2	3	4	5	6	7	8	9	10	100

그런데 그들은 60진법을 사용하고 있었다. 다시 말해 그들은 ＶＶ 와 ＜ 기호를 사용하여 1부터 59까지를 표현하였고, 다시 60부터는 앞에서와 똑같은 방법으로 표시하였다.

그리고 약간의 간격을 둠으로써 이들을 분간하였다. 예를 들면 다음과 같이 쐐기가 붙어 있으면 2를, 약간 떨어져 있으면 $61(1 \times 60 + 1)$을 나타내는 것이다.

그런데 이와 같은 표시 방법은 굉장히 혼돈하기 쉽다. 왜냐하면 ＶＶ 표시는 1, 60, 60^2, 60^3 …… 등으로 읽을 수가 있기 때문이다.

앞에서 ＶＶ ＶＶ 표시는 $1 \times 60 + 1$로 나타낸다고 했는데 $60^2 + 60$, …… 을 나타내기도 한다. 학자들은 문맥을 통하여 이들을 해석하고 있다.

$$\vee \quad \vee$$

$$60+1, \ 60^2+60, \ \cdots\cdots$$

그런데 이들은 이 원리를 소수까지 확장하였다. 다시 말해 $\vee$ $\vee$ 표시는 $1\times60+1$, $60^2+60\cdots\cdots$으로만 쓰인 것이 아니라, $1+1\times60^{-1}\cdots\cdots$로도 쓰였다.

$$\vee \quad \vee$$

$$\cdots\cdots , 1+60^{-1}, 60+1, 60^2+60, \cdots\cdots$$

2. 이집트

저·8·계는 이집트로 날아가 아메스를 만났다. 아메스는 그 유명한 아메스의 파피루스를 쓴 사람이다. 그는 저·8·계가 꼭 만나 보아야 할 사람이었다. 그 이유는 아메스가 쓴 파피루스에 알지 못하는 문제가 있었기 때문인데. 그럼 이제부터 이야기를 슬슬 시작해 볼거나.

아메스 : 아니, 너는 누구냐?

저·8·계 : 저는 4·5·정의 친구 저·8·계이셔.

아메스 : 그래, 무엇 때문에 왔느냐?

저·8·계 : 대수에 관한 문제에 대해 알아보려고 왔어요. 아저씨가 쓴 파피루스에는 '아하와 아하의 $\frac{1}{7}$의 합이 19일 때, 아하를 구하여라'는 문제가 있는데 이 문제에서 '아하'라는 말은 대체

무슨 말이셔?

아메스 : '아하'라는 말은 알지 못하는 값을 말하는 것이란다.

저·8·계 : 아, 그러면 '아하'라는 것은 오늘날의 미지수 x를 이야기하는구나. 그러면 앞의 문제는 모르는 아하 값을 x로 놓고 $x+\dfrac{x}{7}=19$의 방정식을 만들어 보면 쉽게 풀리겠는데요.

아메스 : 지금 무슨 이야기하는 거냐. x는 대체 뭐냐?

저·8·계 : 아차, 그 당시에는 x라는 문자가 없었지. 그러면 이 문제는 어떻게 해결해요?

아메스 : 먼저 이 문제를 풀기 전에 보다 쉬운 문제를 풀어 보지. 아하와 아하의 $\dfrac{1}{7}$의 합이 24일 때, 아하값을 구해 보자.

저·8·계 : 네. (혼잣말로) 이때는 $x+\dfrac{x}{7}=24$의 방정식을 만들면 쉬운데.

아메스 : 먼저 아하가 7이라고 가정하는 거야. 그러면 아하와 아하의 $\dfrac{1}{7}$의 합은 $7+7\times\dfrac{1}{7}=8$이니까 답이 8이 되겠지. 그런데 구하는 값은 8이 아니라 8의 세 배인 24니까 아하값도 7이 아니라 7의 세 배인 21이 되는 거야.

$\square+\square\times\dfrac{1}{7}=24$ → 아하값을 7이라고 가정하면 $\boxed{7}+\boxed{7}\times\dfrac{1}{7}=8$

→ 구하는 값은 8이 아니라 8의 세 배인 24이므로 아하값은 $7\times3=21$

저·8·계 : 그러면 아하값은 21이라는 것이구만요.

아메스 : 그렇지. 그러면 원래의 문제 아하와 아하의 $\dfrac{1}{7}$의 합이 19일 때, 아하를 구해 볼까?

저·8·계 : 이 문제에서는 아하값이 정수가 아닌데 이때는 어떻게 하나요?

아메스 : 원리는 아까와 똑같아. 먼저 아하가 7이라고 가정하면 답은 8
이 된다고 했지. 그런데 구하는 값은 8이 아니라 19니까 8을
19로 만들기 위해서 8에다 2, $\frac{1}{4}$, $\frac{1}{8}$ 배를 하면 되지.

$\boxed{7}+\boxed{7}\times\dfrac{1}{7}=8$ → 구하는 값은 8이 아니라 19이므로 8을 19로 만들기 위해

서는 8에 2, $\frac{1}{4}$, $\frac{1}{8}$ 배를 해야 한다.

$8\times2 + 8\times\dfrac{1}{4} + 8\times\dfrac{1}{8} = 16+2+1=19$

아메스 : 따라서 아하값도 먼저 가정해 놓았던 7에다가 2, $\frac{1}{4}$, $\frac{1}{8}$ 배를
하면 구할 수 있는 거야.

저 ·8 ·계 : 아, 그러면 값은 $\dfrac{133}{8}$ 이 되겠네요.

$7\times2+7\times\dfrac{1}{4}+7\times\dfrac{1}{8}=14+\dfrac{7}{4}+\dfrac{7}{8}=\dfrac{133}{8}$

아메스 : 그렇지.

먼저 앞의 문제에서 왜 하고많은 숫자 중에 8에다 2, $\frac{1}{4}$, $\frac{1}{8}$ 배를 하고

있는지 알아보자. 이집트의 수학에서는 $\frac{2}{3}$ 를 제외한 분수에는 단위분수

를 사용하고 있다. 단위분수가 뭐냐고? 이런, 이런, 단위분수란 $\frac{1}{2}$, $\frac{1}{3}$

…… 등과 같이 분자가 1인 수를 말한다.

또한 십진법을 사용하고 있고 곱셈과 나눗셈 등을 할 때 모든 자연수가 2의 거듭제곱의 합으로 표시된다는 것이 특징이다.

예를 들어 풀어 볼까. 8을 6배 하라는 문제가 있다고 하자. 그러면 먼저 이집트 사람들은 8에 2배씩을 해 간다. 그런데 6이라는 수는 2+4를 하면 되므로 아래처럼 2배한 수와 4배한 수, 즉 *표시된 부분을 수를 더하면 된다. 답은 48이다.

$$
\begin{array}{rr}
1 & 8 \\
*2 & 16 \\
*4 & 32
\end{array}
$$

거꾸로 생각해도 된다. 8이 48이 되기 위해서는 먼저 48은 16+32이므로 8의 2배한 수와 4배한 수를 더하면 된다. 그러면 앞의 문제를 살펴볼까. 8이 19가 되기 위해서는 먼저 8의 2배수를 해 본다. 19는 16+2+1이므로 8의 2, $\frac{1}{4}$, $\frac{1}{8}$배한 수를 더하면 되는 것이다.

$$
\begin{array}{rr}
* \ \frac{1}{8} & 1 \\
* \ \frac{1}{4} & 2 \\
\frac{1}{2} & 4 \\
1 & 8 \\
* \ 2 & 16 \\
\underline{4 \quad 32}
\end{array}
$$

$$8(2+ \frac{1}{4} + \frac{1}{8})=19$$

그러면 나눗셈은? 그것은 2배한 수의 역으로 생각하면 되지~요. 예를 들면 753÷26이라는 문제를 풀어 보자. 그러면 먼저 26의 배한 수들을 살펴본다.

1	26
2	52
4	104
8	208
16	416

753은 416+208+104+25를 하면 얻어지므로 다음에서 *표시만 있는 것을 더하면 몫은 28이고 나머지는 25가 되는 것이다.

1	26	
2	52	
4	104	*
8	208	*
16	416	*
28		

753=416+208+104+25

파피루스는 논문이 아니라 문제집이다. 그 중 유명한 것은 아메스 파피루스와 모스크바 박물관에 있는 모스크바 파피루스다.

아메스의 파피루스는 그 서문에 "이 책은 네에마 시대의 옛날에 만들어진 문서를 비슷하게 베꼈다"고 말하고 있어 아메스가 독창적으로 쓴 것은 아닌 것으로 추정하고 있다.

아메스의 파피루스에 85문제, 모스크바 파피루스에 25문제 등 총 110문제가 있는데 그 내용은 분수의 사용, 넓이나 곡물 창고의 용적에 관한 것이다. 그 중 간단한 방정식 문제들이 있는데 대부분 일차방정식에 관한 문제들이다.

이집트 사람들은 방정식을 풀 때 앞에서 풀었던 것처럼 먼저 답을 가정하는 가정법을 쓰고 있다는 점이 특징이지만 메소포타미아의 대수학보다는 못하다는 평가를 하기도 한다.

3. 그리스

3·10·법·4 선생님과 저·8·계의 이야기는 계속된다.

3·10·법·4 : 오늘은 그리스 인들이 어떻게 방정식을 이용했는지 알아
보려고 하느니라.

저·8·계 : 네.

3·10·법·4 : 먼저 중학교 3학년 학생이라면 익히 알고 있는 곱셈 공식
중 $(a+b)^2 = a^2 + 2ab + b^2$을 그리스 사람들은 어떻게 증명했
는지 살펴볼까.

저·8·계 : 네.

3·10·법·4 : 유클리드 원론을 보면 위의 내용은 '한 선분이 두 부분으
로 분할될 때 주어진 선분을 한 변으로 하는 정사각형은 각
부분을 한 변으로 하는 두 정사각형과 각 부분을 두 변으로
하는 직사각형의 두 배의 합과 같다'고 씌어 있지.

저·8·계 : 무슨 말이셔?

3·10·법·4 : 내용은 간단해. 다음과 같이 도형을 그려 살펴보면 아주
쉽게 이해가 될걸?

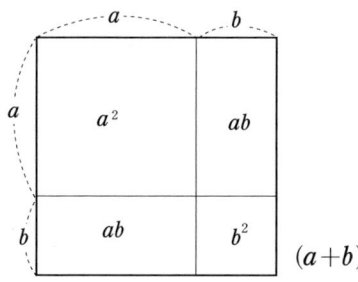

$$(a+b)^2 = a^2 + 2ab + b^2$$

저·8·계 : 정말 간단하네. 이렇게 도형으로 그려 설명을 해 놓으니까
　　　　　아주 간단하게 알아볼 수가 있는데요.

3·10·법·4 : 그렇지. 그리스 사람들은 이렇게 방정식에 쓰이는 여러
　　　　　　가지 법칙을 도형을 이용하여 증명하고 있단다.

저·8·계 : 다른 법칙들은 없나요?

3·10·법·4 : 왜 없겠니. $(a+b)(a-b)=a^2-b^2$의 법칙도 살펴볼까?

저·8·계 : 이 법칙은 어떻게 증명을 하나요?

3·10·법·4 : 이것도 다음과 같이 도형을 그려서 증명하고 있단다.

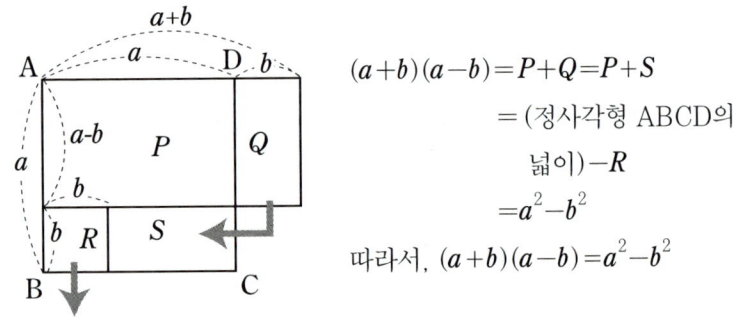

$$(a+b)(a-b)=P+Q=P+S$$
$$=(\text{정사각형 ABCD의}$$
$$\text{넓이})-R$$
$$=a^2-b^2$$

따라서, $(a+b)(a-b)=a^2-b^2$

3·10·법·4 : 이렇게 그리스 사람들은 여러 가지 방정식의 법칙들을 도
　　　　　　형을 통해 증명했다는 것을 알겠느냐?

저·8·계 : 네.

유클리드의 원론 제2권의 명제 1은 다음과 같다. "두 선분이 있고, 이
가운데 선분 하나가 몇 개의 선분으로 나뉜다면, 원래의 두 선분으로 둘
러싸인 직사각형은 나누어지지 않은 선분과 나누어진 선분의 각 부분으

로 둘러싸인 직사각형의 합과 같다."

그리고 이 내용을 다음의 그림으로 설명하고 있다.

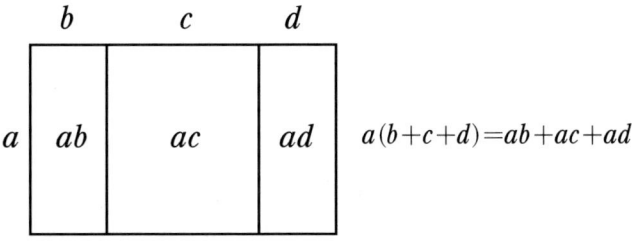

$$a(b+c+d)=ab+ac+ad$$

이 내용은 여러분이 너무나 잘 알고 있는 배분법칙을 설명하고 있는 것이다. 이렇듯 그리스 사람들은 방정식에 대한 여러 가지 법칙을 도형을 통하여 입증하였다. 이것은 피타고라스 학파에 의하여 이룩되었다고 할 수 있는데 유클리드의 원론 제2권에서 그 몇 가지의 명제들을 찾을 수 있다. 배분법칙뿐만 아니라 앞에서 살펴본 명제들도 유클리드의 원론에 나와 있는 내용들이다.

그리스 사람들은 왜 이렇게 도형을 통하여 방정식을 이해하려고 했을까? 그것은 방정식을 이용하면 도형을 그리기가 아주 쉽고 넓이를 계산하기에도 훨씬 편리하기 때문이다.

예를 들면 '한 변의 길이가 4이고 또 한 변의 길이가 2, 3, 4인 직사각형이 있을 때 각각의 넓이의 합은 얼마인가?' 하는 문제를 풀 때 앞에서 배운 배분법칙을 이용하면 아주 쉽다.

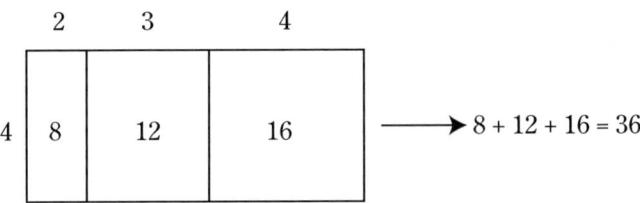

물론 이차방정식도 예외는 아니다. $x^2 = ab$에서 선분 x를 그려 보라고 한다면? 다음과 같이 선분 AC를 긋고 AC 위에 한 점 B를 잡아 AB=a, BC=b가 되게 한다. 그리고 난 후 선분 AC를 지름으로 하는 반원을 그리고, B에서 수선 BP를 그으면 그 선분 BP가 구하는 선분 x가 되는 것이다.

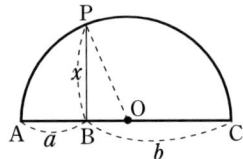

4. 디오판토스

3·10·법·4 선생님과 저·8·계는 3세기경의 어느 묘비 앞에 도달했다.

저·8·계 : 이 무덤은 누구의 것인가요?

3·10·법·4 : 이곳은 '대수학의 아버지'라고 할 수 있는 디오판토스의 묘이지.

저·8·계 : 그런데 묘비에 무슨 글이 씌어 있는데요?

3·10·법·4 : 그래, 어디 한번 읽어 보아라.

저·8·계 : 디오판토스는 일생의 6분의 1을 소년기로 지냈고, 그 후 12분의 1이 지나 턱수염이 났으며, 그때부터 7분의 1이 지난 후에 결혼했으며, 5년 후에 아들을 보았고, 이 아들은 아비 나이의 2분의 1만큼 살았으며, 아비는 아들이 죽은 후 4년이

지나 죽었다.

3·10·법·4 : 그래 잘 읽었다. 이것은 디오판토스의 나이를 적어 놓은
　　　　　 것이란다.

저·8·계 : 그러면 디오판토스의 나이는 몇 살인가요?

3·10·법·4 : 식을 세워 보면 쉽지. 디오판토스의 나이를 x라고 놓으면
　　　　　 다음과 같은 식을 만들 수 있지.

$$\frac{x}{6} + \frac{x}{12} + \frac{x}{7} + 5 + \frac{x}{2} + 4 = x$$

3·10·법·4 : 이것을 계산해 보면 $x=84$, 즉 디오판토스가 죽은 나이는
　　　　　 84세가 되는 거야.

저·8·계 : 아, 그렇구나.

디오판토스는 이집트 태생으로 주 활동 무대는 이집트의 알렉산드리아
였다. 디오판토스가 언제 태어나서 언제 죽었는지는 확실히 알려진 것
이 없지만 대략 250년경 전후에 살았을 것으로 추정하고 있다. 물론 그
의 나이는 앞에서 설명했듯이 그리스 시화집에 씌어진 그의 묘비명에
의해서 84세라는 것이 알려져 있지만 말이다.

　디오판토스가 쓴 책 중 현재까지 남아 있는 것은 『산술』이라는 문제
집인데, 이 책은 애석하게도 6권까지와 7권의 일부만이 남아 있다. 이
책의 내용을 바탕으로 그의 업적을 간추려 보자.

　첫번째로 꼽을 수 있는 것은 기호에 있다. 앞에서도 살펴보았지만 메
소포타미아, 이집트, 그리스 사람들은 계산 과정을 문장으로 서술했다.
그러나 디오판토스는 여기서 더 발전된 생략 기호를 사용했는데 예를
들면 오늘날의 미지수 x는 ς로, x^2은 Δ^r, x^3은 K^r로 표시를 하였다.

　하지만 오늘날과 같은 기호를 바탕으로 한 대수는 아니었다. 지금 우

리가 쓰고 있는 +, −, ×, ÷ 기호는 전혀 사용하지 않고 있기 때문이다. 그의 이 생략 기호의 방법은 오늘날의 기호 대수로 이어지는 전 단계라 할 수 있다.

『산술』에 나와 있는 문제를 통하여 그의 문제 푸는 방법을 살펴보면 다음과 같다.

'합이 20이고 제곱의 합이 208이 되는 두 수를 구하여라' 는 문제가 있다. 현재의 방법으로는 미지수인 두 수를 x, y로 놓고 다음과 같이 식을 세워 풀 것이다.

■ 풀이

$x+y=20$ ······································ ①

$x^2+y^2=208$ ······························· ②

①에 의해서 $y=20-x$ ················· ③

③을 ②에 대입하면

$x^2+(20-x)^2=208$

$x^2-20x+96=0$

$(x-12)(x-8)=0$

그러므로 $x=12$ 또는 $x=8$

이들을 각각 ③에 대입하면, $y=8, y=12$

∴ $x=12, y=8$ 또는 $x=8, y=12$

그런데 디오판토스는 미지수를 하나만 사용하고 있다. 예를 들면 미지수인 두 수를 x, y로 놓는 것이 아니라 $10+x$, $10-x$로 놓고 문제를 풀고 있다.

디오판토스의 방법(현재의 기호로)

구하는 두 수는(①) $10+x$, $10-x$

각각을 제곱하면 $(10+x)^2 = x^2 + 20x + 100$ $(10-x)^2 = x^2 - 20x + 100$

제곱의 합은 208이므로 $x^2 + 20x + 100 + x^2 - 20x + 100 = 208 \rightarrow x^2 = 4$

x값을 구하면 $x = 2$(디오판토스 시대에는 음수값은 인정하지 않았다.)

x값을 ①에 대입하면 $10 + 2 = 12$ $10 - 2 = 8$

따라서 구하는 두 수는 12, 8

『산술』 책을 보면 이렇게 어떤 두 수의 제곱의 합 또는 제곱의 차를 구하라는 문제가 많은데 이것도 앞에서와 같이 완전제곱이 되는 두 수를 사용하여 풀고 있다.

　디오판토스의 대수학은 그리스의 기하학적 대수와는 전혀 다른 방법을 사용하고 있다. 오히려 메소포타미아 방법에 가깝다. 하지만 메소포타미아 방법을 계승했다고는 할 수 없다. 메소포타미아 방법이 토지의 측량, 곡물 양의 측정에 방정식을 이용하고 있는 것과는 달리 디오판토스의 방법은 방정식을 푸는 방법에 대해 주로 다루고 있기 때문이다.

　『산술』에는 일차, 이차, 부정방정식에 대한 내용들이 실려 있고 후에 오일러와 페르마의 연구에 귀중한 자료가 된다.

※부정방정식 : 일정한 해를 가지지 않는 대수 방정식

예 : 피타고라스의 정리 $a^2 + b^2 = c^2$을 만족하는 정수의 집합

5. 중국

오늘은 중국의 수학에 대하여 배워 보는 시간. 어김없이 3·10·법·4 선생님이 등장하신다.

3·10·법·4 : 오늘은 중국의 수학에 대하여 알아보려고 한다. 먼저 기원전 1세기경에 씌어진 것으로 추정되는 『구장산술(九章算術)』의 문제에 대하여 알아볼까~요(수다맨 버전).

학생들 : 네.

3·10·법·4 : 이 책은 아홉 개 장으로 되어 있는데 그 중 방정장에 있는 내용을 살펴보자.

저·8·계 : 방정이라는 말은 지금 쓰고 있는 방정식과 관련이 있는 것인가요?

3·10·법·4 : 그렇지. 지금 우리가 쓰고 있는 방정식이라는 말은 바로
　　　　　여기서 유래가 되었지. 그런데 이 방정장에는 18문제가 있는
　　　　　데 이 문제들은 연립방정식에 관한 문제들이란다.

저·8·계 : 구체적으로 어떤 문제가 나오는데요?

3·10·법·4 : 그러면 방정장에 나온 한 문제를 살펴볼까? 소 5마리, 양
　　　　　2마리 값이 금 10냥이다. 또 소 2마리, 양 5마리를 사려면 금
　　　　　8냥이 필요하다. 그렇다면 소와 양 각각 1마리 값은 얼마인
　　　　　가?

저·8·계 : 제 머리로는 문제를 풀기가 만만치 않아 보이는데요.

3·10·법·4 : 전혀 어려울 것은 없지. 모르는 수, 즉 미지수를 x, y, z 등
　　　　　의 기호로 표시한다고 배웠지. 그러면 소 한 마리를 x, 양 한
　　　　　마리를 y로 놓고 식을 세워 보는 거야.

저·8·계 : 아, 알았다. 그러면 다음과 같은 식이 만들어지겠네요?

$$5x + 2y = 10$$
$$2x + 5y = 8$$

3·10·법·4 : 그래 바로 맞추었다. 이렇게 연립방정식을 놓고 풀어 보
　　　　　면 아주 이해하기가 쉽지. 너희가 학교에서 배우겠지만 대입
　　　　　법을 통하여 위의 문제를 풀어 보면 다음과 같이 답을 구할
　　　　　수가 있어.

$$5x + 2y = 10 \quad \cdots\cdots\cdots\cdots ①$$
$$2x + 5y = 8 \quad \cdots\cdots\cdots\cdots ②$$
$$①×5 \rightarrow \quad 25x + 10y = 50 \quad \cdots\cdots\cdots\cdots ③$$

②×2 →　　$4x+10y=16$ ················· ④

③−④를 하면

$$25x+10y=50$$
$$-\ )\ 4x+10y=16$$
$$\overline{21x=34}$$

$\therefore x=1\dfrac{13}{21}$ ···················· ⑤

⑤를 ①에 대입하면

$$\dfrac{170}{21}+2y=10$$

$\therefore y=\dfrac{20}{21}$

답 : 소 1마리의 값(x) : 금 $1\dfrac{13}{21}$냥

　　　양 1마리의 값(y) : 금 $\dfrac{20}{21}$냥

저·8·계 : 그런데 그 당시의 중국 사람들도 이렇게 식을 세워서 계산했
　　　　나요?

3·10·법·4 : 『구장산술』을 보면 문장으로 풀이 과정을 써 놓고 다음과
　　　　같이 표시를 해 나가면서 문제를 풀고 있지.

　　5　2　　10
　　2　5　　8

　　25　10　50
　　 4　10　16

저·8·계 : 어, 이 표시는 앞에서 풀었던 방정식에서 x, y를 뺀 것과 같은데요.

5	2	10
2	5	8

$5x+2y=10$

$2x+5y=8$

25	10	50
4	10	16

$25x+10y=50$

$4x+10y=16$

3·10·법·4 : 그래, 잘 보았다. 당시 중국에서 연립방정식을 푸는 방법은 x, y, z 등의 기호만 사용하지 않았지 현재 우리가 풀고 있는 방법과 똑같다는 거야. 이제 알겠느냐?

저·8·계 : 아, 뭔가 감이 잡히는군.

"상급벼 3단, 중급벼 2단, 하급벼 1단을 탈곡했더니 벼 39말을 수확했고, 상급벼 2단, 중급벼 3단, 하급벼 1단에서 벼 34말을, 상급벼 1단, 중급벼 2단, 하급벼 3단에서 벼 26말을 수확했다고 한다. 그렇다면 상, 중, 하급 벼 각각 1단에서 수확하는 벼의 양은 얼마인가?"

이 문제는 앞의 『구장산술』의 방정장에 나와 있는 첫번째 문제다. 『구장산술』은 이 문제를 설명과 함께 다음과 같이 숫자를 놓고 풀고 있다.

3	2	1	39
2	3	1	34
1	2	3	26

그 당시 중국에서는 산가지(셈할 때 쓰는 나무 막대기)로 수를 표시하고 셈을 하였으므로 위의 문제를 풀기 위해 다음과 같이 표시를 하였다. 이 모양이 정방향으로 되어 있기 때문에 방정이라고 했고 이름붙였다.

(중국에서는 글을 세로로 쓰기 때문에 위와 같이 표시를 하였는데 본문에서는 여러분이 알아보기 쉽게 가로로 표시한다.)

위의 표시에서 상급벼 단을 x, 중급벼 단을 y, 하급벼 단을 z로 놓고 식을 세워 보면 오늘날의 삼원일차연립방정식의 형태가 된다.

3	2	1	39	$3x+2y+z=39$
2	3	1	34	$2x+3y+z=34$
1	2	3	26	$x+2y+3z=26$

물론 그 풀이 과정도 지금 우리가 사용하는 대입법과 같다. 『구장산술』의 방정장에 있는 18문제는 앞의 예에서 본 것과 같이 이원일차연립방정식 또는 삼원일차연립방정식 등 다원방정식을 다루고 있고 그 수준도 매우 뛰어났다.

이쯤에서 우리는 『구장산술』이 과연 어떤 책인가에 주목할 필요가 있다. 물론 중국의 수학서로서『구장산술』이 가장 오래된 책은 아니다. 연대는 확실하지 않지만 기원전 250년 즈음에 씌어진『주비산경』이라는 책이 있다.『주비산경』은 천문학 책으로 일부분에 수학의 내용을 담고 있다. 물론『주비산경』보다 더 오래된 책이 있을 가능성도 있다. 그러나 기원전 중국 사람들은 대나무에다 기록을 하였기 때문에 영구 보전하기가 어려웠고 기원전 213년 진시황의 명령에 따라 그 유명한 분서갱유 사건이 발생하여 서적들이 많이 사라졌기 때문에 그 진위 여부는 가릴 길이 없다.

『구장산술』은『주비산경』과 거의 비슷한 시기에 씌어진 것으로 추정되는데 원 저자는 알려져 있지 않고, 263년 삼국 시대 위나라의 유휘가 주석을 붙여 펴냈다고 한다. 이 책은 중국과 동양 여러 나라에서 조세 및 부역의 징발이나 관개 수로 사업 등을 담당하던 관리들의 필독서였다.

그러니까 동양에서 가장 영향력이 컸던 수학책이었다고 생각하면 된다. 이러한 설명이 덧붙여지니까『구장산술』의 내용에 궁금증이 더해만 가는데 그 궁금증을 풀어 볼거나.

'구장산술'이란 말 그대로 '산술에 관한 9개의 장'이라고 해석하면 무난하다.『구장산술』은 총 9개 장 246문제로 되어 있고 문제, 답, 풀이가 있는 문제집이다. 9개 장의 구성은 다음과 같다.

  방전장(38문제) - 논밭의 측량 문제
  속미장(46문제) - 곡물을 교환할 때의 계산법
  쇠분장(20문제) - 비례 배분을 계산하는 법
  소광장(24문제) - 넓이 또는 부피를 구하는 문제
  상공장(28문제) - 토목 공사의 공정 문제

균륜장(28문제) — 조세의 운반과 관련된 문제

영부족장(20문제) — 과부족 문제

방정장(18문제) — 다원방정식 문제

구고장(24문제) — 피타고라스 정리의 응용

　　『구장산술』은 방정식뿐만 아니라 기하학에 관한 내용들도 다루었는데 피타고라스의 정리, 삼각형·직사각형·사다리꼴의 넓이에 대한 공식 등을 알고 있었고 원주율을 3으로 계산하고 있다.

　　중국의 수학은 독자적으로 발전된 것으로 여겨지며 한국, 일본 등 동양의 수학 발전에 커다란 영향을 주었다.

6. 인도

3·10·법·4 : 오늘은 이차방정식의 근의 공식에 대하여 알아볼까?

저·8·계 : 네.

3·10·법·4 : 이 근의 공식을 유도하는 것은 중학교 3학년이면 배우는데 이차방정식 $ax^2+bx+c=0$의 근은 $x=\dfrac{-b\pm\sqrt{b^2-4ac}}{2a}$ (단, $b^2-4ac\geq0$)라는 공식으로 구할 수 있지.

저·8·계 : 그걸 어떻게 알지요?

3·10·법·4 : 다음을 보면 쉽게 알 수가 있을 거야.

문제	근의 공식 유도
$2x^2+5x+1=0$	$ax^2+bx+c=0\,(a\neq0)$
$x^2+\dfrac{5}{2}x+\dfrac{1}{2}=0$	$x^2+\dfrac{b}{a}x+\dfrac{c}{a}=0$
$x^2+\dfrac{5}{2}x=-\dfrac{1}{2}$	$x^2+\dfrac{b}{a}x=-\dfrac{c}{a}$
$x^2+\dfrac{5}{2}x+\left(\dfrac{5}{4}\right)^2=-\dfrac{1}{2}+\left(\dfrac{5}{4}\right)^2$	$x^2+\dfrac{b}{a}x+\left(\dfrac{b}{2a}\right)^2=-\dfrac{c}{a}+\left(\dfrac{b}{2a}\right)^2$
$\left(x+\dfrac{5}{4}\right)^2=\dfrac{17}{16}$	$\left(x+\dfrac{b}{2a}\right)^2=\dfrac{b^2-4ac}{4a^2}$
$x+\dfrac{5}{4}=\pm\dfrac{\sqrt{17}}{4}$	$x+\dfrac{b}{2a}=\pm\dfrac{\sqrt{b^2-4ac}}{2a}$
$x=-\dfrac{5}{4}\pm\dfrac{\sqrt{17}}{4}$	$x=-\dfrac{b}{2a}\pm\dfrac{\sqrt{b^2-4ac}}{2a}$
$\therefore x=\dfrac{-5\pm\sqrt{17}}{4}$	$\therefore x=\dfrac{-b\pm\sqrt{b^2-4ac}}{2a}$

저·8·계 : 이렇게 하니까 아주 쉽게 알아볼 수가 있는데요?

3·10·법·4 : 그래, 그러면 $ax^2+bx=c$의 근의 공식은 어떻게 될까?

저·8·계 : 그건 쉽네요. $ax^2+bx-c=0$이니까 $ax^2+bx+c=0$의 근의 공

식 $x=\dfrac{-b\pm\sqrt{b^2-4ac}}{2a}$ 에서 c 대신 $-c$를 대입하면

$x=\dfrac{-b\pm\sqrt{b^2+4ac}}{2a}$ 가 되는데요.

3·10·법·4 : 그래 잘 맞추었다.

저·8·계 : 그런데 왜 이 장에서 이차방정식에 관한 내용을 배우는 거
죠? 오늘은 인도의 대수에 관하여 배우는 시간이 아닌가요?

3·10·법·4 : 이 이차방정식의 근의 공식을 인도 사람들은 이미 알고
있었다는 거야. 그것도 우리가 현재 풀고 있는 방법과 똑같이
말이지.

저·8·계 : 그런데 이차방정식에 대해서는 메소포타미아나 디오판토스
의 장에서도 다루지 않았나요?

3·10·법·4 : 하기야 그렇지. 메소포타미아 시대나 디오판토스 그리고
그리스의 헤론(기원전 130?~기원전 75?)이라는 수학자도 이
차방정식에 관한 내용을 다루었지. 그런데 메소포타미아, 이
집트 사람들은 이차방정식을 단편적으로 다루었고 본격적으
로 다루었던 헤론과 디오판토스도 어떤 일관된 방법을 사용
한 것이 아니었지? 특히, 이차방정식을 풀어 음수가 나올 경
우에는 그것을 답으로 인정하는 않는다는 큰 오류도 범했고
말이야.

저·8·계 : 아, 그러면 인도 사람들은 이차방정식을 풀 때 일관된 방법
을 이용하였고 음수도 인정하였다는 말이 되네요.

3·10·법·4 : 그렇지. 예를 들어 볼까? 7세기경에 활약했던 인도의 수

학자 브라마굽타(588~660?)는 그의 저서에서 이차방정식 $ax^2+bx=c(a\neq0)$(현대의 기호로 표현해서)를 앞에서 우리들이 풀었던 방법, 즉 좌변을 완전제곱근으로 만들어 푸는 과정을 설명하고 있고, 그 근의 공식은 '$x=\dfrac{\sqrt{ac+\left(\frac{b}{2}\right)^2}-\frac{b}{2}}{a}$로 풀린다'고 설명하고 있지.

저·8·계 : $x=\dfrac{\sqrt{ac+\left(\frac{b}{2}\right)^2}-\frac{b}{2}}{a}$를 고쳐 보면 $x=\dfrac{-b+\sqrt{b^2+4ac}}{2a}$가 되니까 현재 우리가 사용하고 있는 근의 공식과 똑같다는 거죠.

3·10·법·4 : 그렇지.

저·8·계 : 그런데 앞에서 근의 공식은 $x=\dfrac{-b\pm\sqrt{b^2+4ac}}{2a}$가 되어야 하는데 $x=\dfrac{-b+\sqrt{b^2+4ac}}{2a}$로 계산하고 있으니 음수는 답으로 인정하지 않았나 보죠?

3·10·법·4 : 그 후 12세기 바스카라(1145?~1185?)라는 인도의 수학자가 위의 공식에서 음수도 답으로 인정해 줌으로써 오늘날과 같은 모습을 갖추게 된 거야.

저·8·계 : 네.

"양수의 제곱도 음수의 제곱도 똑같이 양이다. 따라서 양수의 제곱근은 두 개가 있는데 하나는 양, 하나는 음이다. 음수의 제곱근은 존재하지 않는다. 왜냐하면 음수는 제곱수가 아니기 때문이다." 이 말은 바스카라의 기록에 있는 것이다.

*어떤 수 x를 제곱하여 a가 될 때 x를 a의 제곱근이라 한다.

이를테면 $6^2=36$, $-6^2=36$이므로 36의 제곱근은 6과 -6이다.

양수나 음수를 제곱하면 반드시 양수가 되므로 음수의 제곱근은 없다.

위의 기록에서도 알 수 있듯이 인도 사람들은 음수를 인식하고 있었다. 그러나 음수를 인식하고 있었다고 해서 실생활에서 실제로 사용했다는 말은 아니다.

바스카라도 이차방정식 $x^2-45x=250$의 근으로 $x=50$, $x=-5$라고 풀고 "그러나 제2의 값(-5)은 이때 채용하지 않았다. 왜냐하면 세상 사람들은 음근을 시인하지 않으므로 부적당하다"고 기록하고 있다.

어쨌든 인도의 수학자들은 음수를 인식하고 있었으므로 이차방정식을 풀면 두 근이 나온다는 것도 알고 있었다. 이차방정식을 풀어 음근이 나오면 해로서 인정하지 않았던 그리스 시대, 디오판토스 수학과는 다르게 말이다.

인도 사람들은 이차방정식을 풀 때도 오늘날과 같이 하나의 일률적인 방법을 택했는데 이 또한 디오판토스의 방법과는 다른 점이다. 디오판토스는 $ax^2+bx=c$, $ax^2=bx+c$, $ax^2+c=bx(a, b, c$는 양수)를 따로 따로 다루고 있다.

정리해 보면 인도는 양수, 0, 음수의 개념을 확립했으며 이차방정식을 오늘날과 같은 방법으로 풀면서 두 근이 있음을 알고 있었다.

7. 아라비아

3·10·법·4 선생님과 저·8·계는 9세기경 아라비아의 바그다드로 날아갔다. 알콰리즈미(780~850)를 만나 볼 생각이기 때문이다. 왜냐고? 그것은 오늘날 대수학의 어원인 앨지브라(algebra)가 그가 쓴 책『알자브르와 왈–무카바라의 책(al-jabr wal-muqabala)』에서 유래되었다고 들었기 때문이었다.

그를 만난 저·8·계는 먼저 이 책의 제목, 즉 알자브르와 왈–무카바라의 뜻이 궁금하였다.

저·8·계 : 아저씨, 아저씨의 책 제목에 알자브르와 왈–무카바라라는 단어가 있는데 이 뜻이 정확히 무엇이지요? 사전을 찾아보

니까 알자브르는 복원(restoration) 또는 완성(completion)이라는 뜻이고 왈-무카바라는 축소(reduction) 또는 상쇄(blalancing) 등등 여러 가지 뜻이 있다는데 말이죠.

알콰리즈미 : 알자브르의 뜻은 음의 항을 방정식의 다른 변으로 옮겨 모든 항을 양으로 만드는 것(오늘날 이항)을, 왈-무카바라는 동류항을 소거하는 것(오늘날 동류항 정리)을 이야기한단다.

저·8·계 : 그런데 책 제목은 왜 이렇게 지은 거지요?

3·10·법·4 : 그것은 이 책에서 다루고 있는 방정식의 계산에서 알자브르와 왈-무카바라의 원리를 사용하고 있기 때문이야.

저·8·계 : 어디에요?

3·10·법·4 : 예를 들면 일차방정식 $5x - 7 = 3x + 5$(오늘날의 표기법으로)의 푸는 과정을 살펴볼까?

'알자브르(이항)'에 의하여 $5x = 3x + 5 + 7$

이 되고 '왈-무카바라(동류항 정리)'에 의해서 $2x = 12$

즉 답은 $x = 6$

3·10·법·4 : 이 책의 문제들은 이렇게 알자브르와 왈-무카바라를 이용한 계산법을 사용하고 있단다.

저·8·계 : 이 방법은 오늘날 우리들이 푸는 방법과 같은데.

알콰리즈미 : 네가 사는 세상이 어딘데?

저·8·계 : 그건 안 가르쳐 주죠~.

대수학 책을 읽다 보면 '알고리즘(algorism 또는 algorithm)'이라는 말이 자주 나온다. 이 말은 규칙적인 계산 절차를 이야기하는 것인데 아라비아의 수학자 알콰리즈미의 이름에서 유래한 말이다. 또한 대수학을 나타내는 영어 앨지브라(algebra)도 알콰리즈미가 쓴 『알자브르 왈_무카바라의 책』의 알자브르(al-jabr)에서 유래한 말이다.

위의 말에서 알 수 있듯이 알콰리즈미는 대수학에서 굉장히 중요한 인물이다. 그런데 그가 쓴 대수학 책을 보면 그 이전의 디오판토스나 인도의 대수학보다 발전된 것이 없다. 약어 사용이나 음수를 인정하지 않았던 점들을 감안하면 오히려 인도의 대수학보다 못하다는 평가를 하는 학자도 있다. 이런 점들로 인해 많은 학자들은 아라비아 수학이 그 이전의 인도의 대수학보다 발전된 것이 없다고 말한다.

그런데도 수학사 책을 보면 아라비아 수학이 비중 있게 다루어지고 있다. 왜냐하면 그리스, 인도를 거친 발단된 수학을 유럽에 전파해 주는 역할을 훌륭히 해냈기 때문이다.

아라비아의 역사적 배경을 살펴보면 이해하기 쉬울 것이다.

이슬람 교의 시조 마호메트가 전 아라비아 반도를 통일한 것이 630년이다. 이후 1세기 동안 이슬람 세력은 인도로부터 메소포타미아, 이집트, 스페인에 이르는 대제국을 건설하게 된다.

그러나 바그다드를 중심으로 한 아바스 왕조(750년)와 에스파냐의 코로도바를 수도로 한 후옴미아드 왕조(756년)가 수립되어 아라비아는 동, 서로 분열되는데 바그다드를 중심으로 한 아바스 왕조는 알 만수로, 알 라시드, 알 마문 왕을 거치면서 학문을 장려하는 정책을 계속 펴나간다.

이 기간 중에 인도의 브라마굽타의 저작들, 유클리드의 『원론』, 프톨

814년 이슬람 제국

카스피해
흑해
바그다드
예루살렘
지중해
카이로

레마이우스(85?~165?)의 『알마게스크』 등 많은 책이 번역되었으며 알콰리즈미 같은 수학자들이 활발하게 연구 활동을 하였다. 이 아라비아의 번역서들과 알콰리즈미의 수학서 등이 유럽으로 건너가 유럽의 수학을 발전시키는 밑거름이 된 것이다.

그렇다면 그 당시 유럽에서는 학문의 발전이 없었을까? 이 부분도 잠깐 살펴보자. 메소포타미아, 이집트 그리고 그리스 시대와 헬레니즘 시대를 거쳐 발전을 거듭해 온 유럽의 학문은 로마 시대가 펼쳐지면서 차츰 쇠퇴하기 시작한다. 그 후 로마가 몰락한 5세기 중엽부터 11세기까지 유럽의 학문은 정체되었는데 이 시기를 유럽의 암흑기라고 한다. 그 이유는 모든 학문이 교회 중심적이었기 때문이었다. 당시에 교회의 권위는 황제의 지위와 견줄 만한 것이었다. 그리하여 신학이 모든 학문의 중심이 되었고 심지어 철학까지도 '신학의 시녀'에 불과하였다. 유럽의 암흑기에 수학의 발달은 인도를 거쳐 아라비아에서 이루어지고 있었다.

정리해 보면 대수학의 발달 과정은 메소포타미아, 이집트로 시작하여 그리스 그리고 인도-아라비아를 거쳐 다시 유럽으로 건너가게 된 것이다. 이러한 수학사의 발달 과정을 이해했다면 아라비아 수학이 차지하는 비중을 짐작할 수 있을 것이다.

8. 기호대수의 서막

3 · 10 · 법 · 4 선생님과 저 · 8 · 계는 다시 수업을 하기 시작했다.

3 · 10 · 법 · 4 : 오늘은 기호의 역사에 대하여 배워보도록 하자꾸나.

저 · 8 · 계 : 네.

3 · 10 · 법 · 4 : 기호의 발전을 흔히 세 단계로 나누어 살펴볼 수가 있지.

저 · 8 · 계 : 그게 무엇인데요?

3 · 10 · 법 · 4 : 첫번째 단계로 언어(수사) 단계를 들 수가 있어.

저 · 8 · 계 : 그 뜻은요?

3 · 10 · 법 · 4 : 언어 단계란 문제나 풀이 과정을 말로 써서 나타내는 것
을 말하지. 메소포타미아, 이집트 등 초기의 대수학들이 여기
에 속한단다.

저 · 8 · 계 : 앞에서 배운 내용이라 저도 알아요. 문장으로 표현하는 것
말이죠. 그렇다면 그 다음 단계는요?

3 · 10 · 법 · 4 : 그 다음은 생략 단계란다. 이것은 생략 기호를 사용하는
단계이지. 디오판토스 그리고 인도의 수학에서 나타나는 단
계다.

저 · 8 · 계 : 그러면 그 다음 단계는요?

3 · 10 · 법 · 4 : 세 번째 단계인 기호 단계, 즉 마지막 단계로서 우리가 현
재 쓰고 있는 것과 같이 기호로 만들어진 수학을 나타낸단다.

저 · 8 · 계 : 그런데 첫번째 언어 단계와 두 번째 생략 단계는 앞에서 배
워서 알겠는데 세 번째 단계는 언제부터 발달하게 된 거죠?

3 · 10 · 법 · 4 : 참 좋은 질문이다. 이 기호 단계가 발달된 것은 16세기에
들어서면서부터란다.

저 · 8 · 계 : 누구의 공인가요?

3·10·법·4 : 어느 한 사람의 공이라고 할 것도 없지. 여러 학자들에 의

하여 지금 우리가 쓰고 있는 기호들이 완성된 거니까.

암흑기를 거치고 난 후 유럽은 12세기부터 학문의 싹이 트기 시작했다. 아라비아의 많은 수학서들이 유럽으로부터 전해지기 시작한 것도 이 무렵이다. 아라비아에서 전해진 수학서들은 많은 학자들에 의하여 번역되었고 종이와 활자의 발달로 많은 사람들에게 읽히기 시작했다. 이 기간 중 아라비아로부터 아라비아 숫자가 보급되었고 이차방정식의 해법도 전해졌다. 이를 바탕으로 16세기부터는 유럽 전체에 퍼진 르네상스의 영향으로 빠른 속도로 학문이 발달하였고 수학 또한 예외는 아니었다.

16세기에 들어서면서 수학사의 발전에 중요한 역할을 한 것은 삼차, 사차방정식의 해법과 복소수의 발견 그리고 현재 우리가 쓰고 있는 기호들이 정립되기 시작했다는 것이다. 지금까지 사용하고 있는 기호들의

탄생 배경은 다음과 같다.

+ : 1300년께 이탈리아의 수학자 레오나르도 피사노가 7+4를 7과
  4 라고 썼는데 라틴어 et, 즉 '과' 가 줄어 + 기호가 생겼다고
  전해진다.

− : 모자란다는 뜻의 라틴 어 minus의 약자 m̄에서 − 만을 따서
  쓰게 되었다고 한다. 그러나 − 기호가 어떻게 하여 쓰이게 되었
  는지는 확실히 알려진 사실이 없다. 다만 1489년 독일의 수학자
  비드만의 『상용 산수서』라는 책에서 처음 사용되었다고 한다.

× : 영국의 오트렛이 1631년 출판한 『수학의 열쇠』라는 책에서 처
  음 썼다.

÷ : 10세기 무렵의 산수책에 이 부호가 사용됐으나, 본격적으로 쓰
  이기 시작한 것은 1659년 요한 하인리히랜의 대수학 책에서 선
  보인 뒤부터이다.

x : 17세기 프랑스의 데카르트가 미지의 양을 *x*, *y*, *z* 등으로 나타
  내기 시작했다.

= : 1557년 영국의 로버트 레코드가 쓴 『지혜의 숫돌』에서 처음 등
  장하였다. 이 기호는 세상에서 2개의 평행선만큼 같은 것이 없
  기 때문에 비롯된 것이며, 그 때문에 =를 길게 표현하였는데
  너무 길다 보니 쓰기가 불편해 오늘날과 같이 짧게 줄였다.

>< : 영국의 수학자 해리어트(1560~1621)가 고안하였다.

√ : 1525년 루돌프가 쓴 대수학 책에서 사용하였다. 처음에는 √라
  썼는데, 이는 근을 뜻하는 root의 첫 글자 r에서 따왔다는 설도
  있다.

9. 삼차, 사차방정식의 해법

기원전 16세기경 밀라노 태생인 카르다노는 타르탈리아가 삼차방정식
의 해법을 찾아냈다는 소식을 듣고 그를 찾아간다. 카르다노가 그를 찾
아간 이유는 삼차방정식의 해법을 알아내기 위해서였다. 타르탈리아는
어릴 적 전쟁에서 입은 상처로 인해 말을 더듬었다. 그의 이름 '타르탈
리아' 라는 말도 이탈리아 어로 '말을 더듬는 사람' 이라는 뜻인데 이것
이 나중에 이름 대신 쓰이게 된 것이었다.

카르다노 : 당신이 삼차방정식의 해법에 대하여 알아내었소?

타르탈리아 : 그, 그~렇소.

카르다노 : 그 방법을 나에게 가르쳐 줄 수가 없겠소?

타르탈리아 : 그, 그~건 아니 될 말씀이이~요. 나는 이, 이 해법을 내가
　　　　　　 지금 쓰고 있는 책에 발표할 작정이기 때문이, 지요.

카르다노 : 제발 좀 가르쳐 줘~잉.

타르탈리아 : 절대로 안 될 말이라고 하지 않아~았소. 그, 그~만 돌아
　　　　　　 가시오.

카르다노 : 내가 후원자를 소개해 주리다. 어차피 책을 내기 위해서는 후
　　　　　 원자가 필요하지 않소.

타르탈리아 : 그, 그~거야. 그렇기는 한데.

　 타르탈리아는 말을 더듬었기 때문에 그에게는 학문을 뒷받침해 줄 후
원자가 없었다. 이 때문에 카르다노의 제안과 간곡한 청에 타르탈리아
의 의지도 약간씩 누그러지고 있었다.

카르다노 : 제발 좀 가르쳐 주시오. 뭔 딴 뜻이 있어서 그런 것이 아니라
　　　　　 학문을 탐구하는 학자로서 그 해법을 알고 싶을 뿐이오.

타르탈리아 : 그, 그~러면 이 해법을 비밀로 할 자신이 있소?

카르다노 : 그거야 걱정하지 마시오.

타르탈리아 : 그, 그~러면 알려주도록 하하~겠소. 그, 그~러나 반드시
　　　　　　다른 사, 사~람에게는 말하지 않기요.

카르다노 : 걱정하지 말라니까.

　타르탈리아는 카르다노의 간곡한 부탁에 못 이겨 그가 어렵게 알아
낸 삼차방정식의 해법에 관하여 알려주게 된다. 물론 다른 사람에게는
알리지 않겠다는 굳은 맹세를 받고서. 그런데 카르다노는 이 약속을 깨
버리고 1545년 그가 쓴 『위대한 술법』에 삼차방정식의 해법을 실었던
것이다.

　타르탈리아는 이에 크게 분노했지만 상황은 어쩔 수 없는 것이었다.
지금도 3차방정식의 해법은 카르다노의 이름을 따 '카르다노의 해법'이
라고 알려져 있다.

일차방정식 $ax+b=0(a\neq0)$의 근은 $x=\dfrac{b}{a}$로 구할 수 있다는 것은 고대로부터 알려졌고, 이차방정식 $ax^2+bx+c=0(a\neq0)$의 근은 $x=\dfrac{-b\pm\sqrt{b^2-4ac}}{2a}$로 구할 수 있다는 것은 인도에서 시작하여 아라비아를 거쳐 유럽에 전해지게 되었다는 것은 앞에서 살펴보았다. 이제 남은 것은 삼차 이상의 방정식의 일반적인 해법을 구하는 것이었다.

16세기 수학사에서 굉장히 중요한 발견 중 하나가 삼차방정식 $ax^3+bx^2+cx+d=0$과 사차방정식 $ax^4+bx^3+cx^2+dx+e=0$의 해법이다.

삼차방정식은 타르탈리아가, 사차방정식은 카르다노의 제자 페라리가 해법을 찾아냈으며, 이 둘의 해법은 카르다노의 저작 『위대한 술법』에 실려 있다. 삼차, 사차방정식의 해법이 알려지게 된 데에는 몇 가지 사연이 있다.

16세기 이전의 삼차방정식은 특별한 경우를 제외하고는 풀 수가 없었다. 그 당시 유럽에서는 수학 시합이라는 것이 유행했는데 그 방식은 두 사람의 수학자가 상대방에게 같은 개수의 문제를 제출한 뒤 정해진 시간 안에 더 많은 문제를 푸는 사람이 이기는 경기였다. 이때 자주 등장하는 문제가 삼차방정식을 푸는 문제였다.

주목할 만한 성과는 볼로냐 대학의 수학 교수 페로(1465~1526)에 의해서였다. 그는 이차항이 없는 $x^3+mx=n$ 꼴의 삼차방정식을 풀었다고 전해지는데 1505년에 그의 제자인 피오르에게 해법을 가르쳐 주었다는 것 외에는 그 해법이 무엇인지에 대하여는 비밀에 붙여졌다.

그 후 삼차방정식에 대한 일반적인 해법을 찾으려는 노력이 계속되었는데 이탈리아의 타르탈리아도 그 중 한 사람이었다. 그는 1535년 일차항이 없는 삼차방정식 $x^3+px^2=n$ 꼴의 해법을 찾아냈다고 주장하였다. 이에 페로의 제자 피오르는 그에게 공개적인 수학 경기를 할 것을 제안했다. 이를 수락한 타르탈리아는 시합 10일 전에 이차항이 없는 $x^3+mx=n$ 꼴의 삼차방정식의 해법도 찾아내게 된다.

시합은 쌍방에서 30문제씩 제출하여, 50일 이내에 문제를 많이 푼 쪽이 승리하기로 되어 있었는데 타르탈리아는 피오르가 낸 문제를 다 푼 반면 피오르는 한 문제도 풀지 못하였다.

이유는 간단했다. 피오르는 $x^3+mx=n$ 형태의 삼차방정식의 해법만 알고 있었지만 타르탈리아는 이차항이 없는 삼차방정식 $x^3+mx=n$ 형태 외에도 일차항이 없는 삼차방정식 $x^3+px^2=n$ 형태의 해법도 알고 있었기 때문이었다.

타르탈리아는 삼차방정식에 대하여 더욱 열심히 연구하여 1541년 삼차방정식 $ax^3+bx^2+cx+d=0(a\neq0)$의 일반적인 해법을 찾아내게 되었다. 그가 삼차방정식의 일반적인 해법을 찾아냈다는 소문이 퍼져나갔지만 그는 발표를 늦추고 있었다. 왜냐하면 그가 쓰고 있는 저서에 삼차방정식의 해법을 실어 명성을 얻고자 했기 때문이다.

이때 카르다노가 타르탈리아를 찾아가 이 해법을 알아내었고 타르탈리아와의 약속을 어기고 1545년, 그가 쓴 책 『위대한 술법』에 실어 공표하였다. 이 저서에서 그는 삼차방정식은 타르탈리아에게서 전해 들었다고 쓰고 있지만 증명 과정은 자신이 고안했다고 적고 있다. 이에 타르탈리아가 크게 분노하고 그를 비난한 것은 너무나 당연한 일이다.

『위대한 술법』에는 사차방정식의 해법도 실려 있는데 그것은 카르다노의 제자 페라리가 발견한 것이라고 씌어 있다.

발견한 동기는 1540년 이탈리아의 수학자인 코이가 카르다노에게 사차방정식의 문제를 제시해 주었는데 카르다노는 풀지 못하고 그의 제자인 페라리가 이 문제를 풀었고 그 풀이 과정이 『위대한 술법』에 실리게 된 것이다.

삼차방정식과 사차방정식의 일반적인 해법은 대학교 과정이므로 여기서는 생략한다.

■인물 : 카르다노, 타르탈리아, 페라리

· 카르다노(1501~1576)

카르다노의 일생은 드라마틱한 면이 있다. 그의 직업만 보아도 알 수가 있는데 그는 의사였으며 점성술사이고 또한 수학자이기도 했으며 도박에도 많은 취미를 가지고 있었다.

그는 이탈리아 밀라노에서 변호사의 사생아로 태어나 파도바 대학에서 의학을 전공한 후 의사가 되었고 볼로냐와 밀라노 대학에서 교수로 지냈다. 그는 의사 생활을 하면서도 수학과 철학 공부를 하였고 대학에서 물러난 후 로마로 옮겨 와서는 뛰어난 점성가로 이름을 날렸는데 교황청의 점성가로서 연금을 받기도 하였다. 또한 도박에도 많은 관심을 가져 확률의 연구에 많은 공헌을 하기도 했다. 그의 성격은 난폭하였다고 전해지는데 특이하게도 산적의 딸을 아내로 맞이하였다고 한다.

그는 1576년 로마에서 독약을 마시고 자살했는데 일설에 따르면 자신이 죽는 날짜를 예언했는데 그날이 와도 죽을 기미가 보이지 않자 자신의 예언을 실행하기 위하여 자살하였다고 한다.

· 타르탈리아(1499~1557)

타르탈리아는 1499년경에 이탈리아의 브레시아에서 태어났으며 본명은 폰타나이다. 그는 불우한 어린 시절을 보냈다. 1512년 프랑스가 브레시아를 점령했을 때 아버지는 살해당했으며 그는 극적으로 살아났지만 큰 상처를 입었다. 이 상처 때문에 말을 더듬게 되었는데 그로 인해 그는 말더듬이란 뜻인 타르탈리아로 불리게 되었다. 가난하여 제대로 교육을 받지 못했지만 독학으로 그리스 어와 수학을 공부했다. 그는 후에 이탈리아의 여러 도시에서 수학과 과학을 가르치며 생계를 유지했으며 1557년에 베니스에서 죽었다.

· 페라리(1522~1560)

페라리는 1522년 이탈리아 볼로냐 태생으로 가난한 집안에서 태어나 15세 때 카르다노의 하인이 되었다. 카르다노는 페라리의 재능을 알고 그를 서기로 썼고 페라리는 스승의 강의에 열심히 출석하여 카르다노의 가장 뛰어난 제자가 되었다. 18세 때 카르다노의 도움을 받아 학원을 차려 수학을 가르쳤으며 후에 볼로냐 대학의 교수가 되었지만 1년 후인 1560년에 사망했다.

10. 대수학의 기본 정리

3·10·법·4 : 일차방정식의 근은 몇 개일까?

저·8·계 : 그거야 하나지요.

3·10·법·4 : 그러면 이차방정식의 근은?

저·8·계 : 두 개요.

3·10·법·4 : 삼차방정식은?

저·8·계 : 세 개요.

3·10·법·4 : 사차방정식의 근은 네 개, 오차방정식의 근은 다섯 개가 되겠지.

저·8·계 : 그렇죠. 이런 간단한 이야기를 왜 하는 거죠?

3·10·법·4 : 하지만 이것은 그리 간단한 이야기가 아니야. 이것을 확실히 알아낸 것은 불과 200년 전인 18세기 말이니까.

저·8·계 : 내가 보기에는 간단한 논리 같은데. 무엇이 학자들을 괴롭힌 거죠?

3·10·법·4 : 처음에는 음수 때문이었어. 사람들은 방정식을 풀어 음근이 나오면 인정하지 않았거든.

저·8·계 : 아, 알아요. 이차방정식의 근이 두 개가 된다는 것을 안 것은 음수를 인정한 인도로부터였다는 것을요.

3·10·법·4 : 그래, 음근을 최초로 인정한 것은 인도 사람들이지만 그 이후에도 오랜 시간이 걸린 다음에야 음수는 모든 사람들이 인정하는 수가 되었지.

저·8·계 : 그러면 음수를 인정하면 위의 논리가 쉽게 증명되나요?

3·10·법·4 : 그렇지는 않아. 또 하나의 복병이 나타났거든. 그것은 허수라는 거야.

저·8·계 : 허수가 뭔데요?

3·10·법·4 : 먼저 문제를 풀어 보자. $x^2 = -1$을 풀어 보면 답은 어떻게 나오지?

저·8·계 : $x = \pm \sqrt{-1}$. 어, $\sqrt{-1}$이란 것은 지금까지 보지 못했던 수인데요?

3·10·법·4 : 그래 $\sqrt{-1}$이 바로 허수란다. $\sqrt{-1}$의 표시는 i로 하지.

저·8·계 : 그렇다면 $\sqrt{-1}$을 누가 인정하였고 그 과정은 어떻게 되나요?

3·10·법·4 : 만능 수학자 가우스였지. 그는 $\sqrt{-1}$을 1과는 독립한 좌표의 단위로 취하고, $a + bi$를 복소수라고 하여 수로 인정하였던 거지.

저·8·계 : 그렇게 해서 아까의 논리, 그러니까 '일차방정식은 한 개의 근, 이차방정식은 두 개의 근, 삼차방정식은 세 개의 근……을 가진다' 는 것이 인정된 것이군요.

3·10·법·4 : 그렇지.

?÷+해설

가우스는 1799년 박사 학위 논문을 통해 대수학의 기본 정리를 발표한다. 대수학의 기본 정리란 '계수가 복소수인 n차대수방정식은 적어도 하나의 복소수 근을 가진다' 는 것이다. 이 증명과 인수분해를 통해 'n차대수방정식은 n개의 복소수근을 가진다' 는 사실을 알 수 있다. 그렇다면 복소수의 개념부터 확실하게 알아보도록 하자.

임의의 실수 a, b에 대하여 $a + bi$ 꼴로 나타내는 수를 복소수라고 한다. 그렇다면 $b = 0$일 때는 $bi = 0$이 되기 때문에 $a + bi$는 a와 같은 실수가 된다.

따라서 복소수의 집합은 실수의 집합을 포함한다.

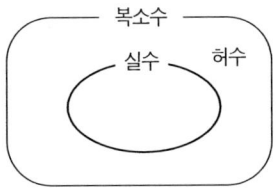

또한 $b \neq 0$일 때의 복소수 $a+bi$는 허수라고 한다. 예를 들면 $2+3i$, $\sqrt{2}i$, i는 모두 허수이다.

$$\text{복소수} \quad a+bi = \begin{cases} \text{실수 } a & (b=0\text{일 때}) \\ \text{허수 } a+bi\,(b\neq 0\text{일 때}) \end{cases}$$

복소수의 개념이 명확해졌으므로 이제 방정식을 풀면 반드시 근을 가진다는 것도 명확해진다. 적어도 하나의 복소수 근을 말이다. 왜냐하면 a, $-a$, $\sqrt{a}$, $-\sqrt{a}$, $a+\sqrt{b}$, $a-\sqrt{b}$, $a+bi$, $a-bi$ 는 모두 복소수인데 방정식을 풀면 이런 형태 중 적어도 하나의 근은 반드시 존재하기 때문이다.

이를 바탕으로 일차방정식은 하나의 근, 이차방정식은 두 개의 근, 삼차방정식은 세 개의 근을 가진다는 사실, 즉 'n차대수방정식은 n개의 복소수근을 가진다'는 사실도 알게 되었다. 복소수가 수로 인정되었기 때문이었다.

물론 가우스 이전에도 방정식을 풀면 반드시 근을 가진다는 사실을 증명하려는 노력이 있었지만 만족할 만한 성과는 없었다. 그런데 가우스는 복소수의 개념을 $a+bi$로 놓고 실수 부분 a와 허수 부분 bi로 나누

어 좌표평면 위에 표시를 하였다.(복소평면)

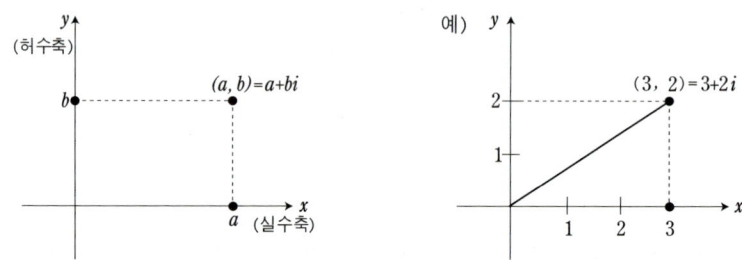

　　이를 바탕으로 방정식을 풀면 적어도 하나의 복소수근을 가진다는 것을 기하학적으로 증명할 수가 있게 되었던 것이다.
　　또한 복소수근에 대한 내용이 명확해지면서 'n차대수방정식은 n개의 복소수근을 가진다'는 사실도 알게 되었다.

■인물 : 가우스(1777~1855)

1786년 독일 브라운 슈바이크의 한 초등학교에서 선생님이 산수 시간에 좀 쉴 생각으로 1부터 100까지를 모두 더해 보라는 문제를 학생들에게 내었다. 아이들이 이 문제를 푸는 데 한 시간은 족히 걸릴 것이라고 생각한 것이다.

　　그런데 얼마 지나지 않아 한 학생이 벌떡 일어나 선생님께 답을 제출했고 산수 시간이 다 끝날 때쯤 다른 학생들도 차례로 답을 냈다. 그런데 학생들이 낸 답을 본 선생님은 깜짝 놀라지 않을 수 없었다.

　　왜냐하면 제일 먼저 답을 제출한 학생의 답만 정답이었고 한 시간이 지난 뒤에야 제출한 다른 학생들의 답은 모두 틀렸기 때문이었다. 이 학생은 다음과 같은 방법으로 문제를 풀었다.

문제) 1+2+3+4+⋯⋯+97+98+99+100

위 문제에서 앞의 숫자와 뒤의 숫자를 짝지어 합하면 모두 101이 된다.

(1+100)+(2+99)+(3+98)+⋯⋯+(50+51) → 101+101+ 101+⋯⋯+101

이때 합해진 101이 모두 50개 있으므로 답은 101×50, 즉 5050이다.

101×50=5050

이 학생이 바로 19세기를 대표하는 최대의 수학자 가우스였다. 위의 문제를 눈 깜짝할 사이에 푼 것은 불과 10세 때의 일이었다. 가우스는 1777년 4월 30일 독일의 브라운 슈바이크에서 태어났다. 아버지는 벽 돌 만드는 기술자였는데 성격이 고지식하고 난폭했다고 전해진다. 반면 어머니는 가우스가 평생 자랑거리로 삼을 만큼 자상하셨다.

가우스가 세 살 때 일이었다. 아버지가 직원들의 월급 계산을 다 끝냈을 때 옆에 있던 가우스가 "아버지, 답이 틀렸어요, 이 답이 맞아요"라고 말하는 것이었다. 아버지는 아들의 말을 듣고 다시 계산을 했다. 뜻밖에도 세 살짜리 아들의 말이 맞는 게 아닌가? 가우스는 이렇게 어렸을 때부터 천재성을 나타냈다.

뒷날 그는 "나는 말을 시작하기 전부터 이미 계산하는 법을 알고 있었다"고 농담처럼 말하곤 했다.

가우스는 14세 때 그의 재능을 아낀 한 선생님의 추천으로 브라운 슈바이크의 군주 빌헬름 페르디난트 공을 만나게 되었다. 페르디난트는 어린 그에게 매료되어 죽을 때까지 가우스의 연구 활동을 지원하였다.

고등학교에 입학하게 된 것도 페르디난트 공이 학비를 지원해 준 덕분이었다. 아버지는 가우스를 고등학교에 보내기를 망설였는데 어머니의 도움과 페르디난트 공의 학비 지원으로 공부를 계속할 수가 있었다.

고등학교 시절 가우스는 수학에 관한 한 이 학교 어느 선생님보다도 앞서 있었다. 이때 이미 그의 최대 업적인 '정수론'을 연구하기 시작할 정도였으니까 말이다.

1795년 가우스는 괴팅겐 대학에 입학하는데 이때 그는 언어학을 전공할 것인지 수학을 전공할 것인지를 놓고 고민에 빠져 있었다. 하지만 '정17각형을 자와 컴퍼스만으로 작도하는 법'을 발견하고 난 뒤 그는 수학을 선택하기로 결정한다.

유클리드 시대 이래로 자와 컴퍼스만으로 작도할 수 있는 것은 정3각형, 정4각형, 정5각형, 정15각형 그리고 이들 도형의 각 변을 모두 2배, 4배 …… 등 짝수배 한 것뿐이라고 알려져 왔지만, 가우스는 정17각형도 자와 컴퍼스만으로 작도할 수 있다는 것을 발견한 것이다.

대학을 졸업하고도 몇 년 동안 그는 페르디난트 공의 후원으로 자유

롭게 연구 활동을 계속할 수 있었는데, 든든한 후원인인 페르디난트 공이 나폴레옹 군대와의 전투에서 져 옥사하자 그는 가족들을 부양하기 위해(가우스는 1805년 10월 결혼하였다) 괴팅겐 대학의 교수직과 함께 천문대장 일을 하게 되었다.

가우스가 천문대장이 됐다는 것에 좀 의아해할지 모르지만 이미 가우스는 24세 때 소행성 케레스의 궤도를 정확히 찾아낸 적이 있었다. 지금은 태양계에 소행성의 군이 존재한다는 것을 다 알고 있지만 그때는 태양계에 수성, 금성, 지구, 화성, 목성, 토성, 천왕성 등 7개 행성 외에 새로운 행성이 존재한다는 것을 몰랐다. 그런데 1801년 1월 1일 화성과 목성 사이에 자그만 행성이 있다는 것을 구세페 리안히라는 사람이 발견하였고 그 행성을 케레스라 이름지었다. 세계 최초로 소행성을 발견한 것이다. 그러나 이 소행성은 41일 만에 자취를 감추었는데 가우스는 이 소행성의 궤도를 계산하여 이듬해 10월 다시 나타난다는 것을 정확히 알아내 사람들을 깜짝 놀라게 했다.

1855년 2월 23일 가우스는 78세를 일기로 세상을 떠났다. 그는 브라운 슈바이크에 안장되었는데, 묘비에는 그의 유언대로 정17각형이 새겨졌고 국왕은 여기에 더해 '수학자의 원수(元首)'라는 말을 새겨 넣었다.

가우스가 연구한 분야는 수학의 전 영역을 포함하고 있다. 그런데 연구 논문을 발표하는 데는 인색했다. 그것은 다른 사람들이 아무런 반론 없이 받아들일 수 있을 정도로 완벽하게 논문을 만들기 위해서였다. 또한 다른 사람이 가우스가 연구한 이론과 비슷한 이론을 연구하거나 발표할 경우 가우스는 아무도 발표하지 않을 때를 선택하여 논문을 발표하기도 했다. 그래서 가우스가 생전에 발표한 논문은 그가 연구했던 것의 일부분에 지나지 않았다.

그런데 가우스가 죽은 지 반세기가 지난 뒤에 그가 쓴 일기장이 발견되었다. 일기장에는 그가 연구했던 내용이 자세히 기록되어 있었다. 훗날 가우스의 전집이 발간된 것도 이 일기장 덕택이었다. 사람들은 이 일기장이 일찍 발견되었더라면 수학의 발전을 반세기는 앞당길 수 있었을 것이라고 이야기할 정도였다. 그러니 가우스의 연구 업적이 얼마나 위대한 것이었는지 짐작할 수 있다.

11. 오차방정식의 해법

저·8·계는 아벨이라는 사람을 만나기 위해서 19세기로 날아갔다. 삼, 사차방정식의 해법이 전해진 후 많은 사람들이 오차방정식$(ax^5+bx^4+cx^3+dx^2+ex+f=0(a\neq0))$의 해법을 찾고 있었는데 아벨도 그들 가운데 한 사람이었기 때문이다. 그가 이 방법에 대하여 만족할 만한 성과를 얻었다고 하여 찾아간 것이다.

저·8·계 : 당신이 오차방정식에 대한 일반 해법에 관하여 훌륭한 결과를 얻었나요?

아벨 : 그렇지.

저·8·계 : 그 해법은 무엇인가요?

아벨 : 해법은 없어. 오차 이상의 방정식의 해를 찾아내는 일반적인 해법은 없으니까.

저·8·계 : 그게 무슨 말이지요?

아벨 : 오차 이상의 방정식에서는 일차, 이차, 삼차, 사차방정식에서처럼 근의 공식이 없다는 이야기지.

저·8·계 : 그러면 아저씨는 오차 이상의 방정식의 해법을 찾아낸 것이 아니라 오차 이상의 방정식의 해는 일반적인 근의 공식으로는 구할 수 없다는 것을 알아낸 것이구만요.

아벨 : 그렇지. 많은 수학자들은 일차, 이차, 삼차, 사차방정식의 해법을 찾아냈기 때문에 오차방정식의 해법도 존재할 것이라 생각하여 그 해법을 찾아내려고 부단한 노력을 했지. 나도 그 중의 한 사람이었고.

저·8·계 : 그런데 찾아내지 못했나 보죠.

아벨 : 그렇지. 그래서 나는 생각을 바꿔 봤어. 오차방정식의 해법을 찾

아내는 것이 아니라 과연 오차방정식의 해법은 존재하는가 하는 것으로.

저·8·계 : 그런데요?

아벨 : 그러니까 오차방정식의 해법은 존재하지 않았던 거야. 그뿐만이 아니라 육차, 칠차, 팔차방정식 등 오차 이상의 방정식에서는 해를 찾아내는 일반적인 해법은 없다는 것도 알아내었지.

저·8·계 : 그러니까 삼차, 사차방정식의 해법이 16세기에 알려졌으니까 거의 300년에 걸쳐 수학자들이 찾아내려고 했던 오차방정식의 해법에 종지부를 찍은 거네요.

아벨 : 내 말이 그말이여.

16세기 삼차방정식과 사차방정식의 해를 구하는 일반적인 해법, 다시 말해 근의 공식이 알려지자 수학자들은 오차방정식의 해를 구하는 일반적인 해법을 찾는 데 많은 노력을 기울였다. 많은 수학자들이 오차방정

식의 해법을 찾아냈다고 학회에 발표했지만 그것은 이내 잘못된 것으로 밝혀졌다. 이 문제는 19세기에 아벨이 해결했는데 결론은 오차 이상의 방정식에서는 그 일반적인 해법, 즉 근의 공식이 존재하지 않는다는 것이다.

아벨 또한 한때는 오차방정식의 해법을 찾아냈다고 생각했지만 이내 잘못된 것임을 알았다. 그래서 아벨은 '과연 오차방정식의 해법은 존재할까?' 하는 문제로 생각을 바꾸게 된다. 그리하여 1824년 발표한 연구 논문 '방정식의 대수적 해법에 관하여'에서 오차방정식에서는 해를 구하는 일반적인 방법은 존재하지 않는다는 것을 밝혔다.

더 나아가 아벨은 1826년 잡지에 발표한 논문에서 "오차방정식뿐만이 아니라 오차 이상의 방정식에서는 해를 구하는 일반적인 해법은 존재하지 않는다"는 것을 밝혔다.

그 논문에는 다음과 같은 구절이 있다. "일반적인 오차 이상의 대수방정식을 대수적으로 푸는 것, 즉 그 근을 계수들에 가감승제와 거듭제곱근이라는 대수적 연산만을 유한 번 시행함으로써 얻는 것은 불가능하다."

이 구절에서 우리는 대수적인 방법이라는 말에 주목할 필요가 있다. 대수적인 방법이란 일차방정식이나 이차방정식을 푸는 것처럼 사칙연산, 제곱 및 제곱근의 연산 등을 사용하여 해를 구하는 방법을 말한다. 아벨의 이야기는 오차 이상의 방정식에서는 이러한 대수적인 방법을 이용하여 일반적인 해법을 찾아내는 것이 불가능하다는 것이다.

그런데 이 이야기가 해가 존재하지 않는다는 말은 아니다. 앞의 장에서도 말했지만 n차의 대수방정식은 n개의 복소수근을 가진다. 문제는 대수적인 방법을 사용하여 오차 이상의 방정식에서 근의 공식을 구하는 것은 불가능하다는 것이다.

그렇다면 어떤 경우에 오차 이상의 방정식에서 대수적인 방법을 사용하여 해를 구할 수 있는가? 이 문제를 해결한 것이 아벨과 거의 같은 시기에 살았던 비운의 수학 천재 갈루아였다. 그는 오차 이상의 방정식에는 근의 공식이 존재하지 않는다는 아벨의 이론에 기반을 두고 오차 이상의 대수방정식이 대수적으로 풀리기 위한 필요충분조건을 제시한다.

이 증명에 사용한 것이 현대대수학에서 굉장히 중요한 이론이 된 군이라는 개념이다.

19세기 초까지의 대수학은 방정식을 기호와 문자를 사용하여 풀고 이를 연구하는 학문이었다. 그런데 현대에 들어와서는 기호와 연산에 의한 방정식의 연구가 아니라 그들 사이에 있는 공통적인 성질을 연구하는 학문이 탄생하게 되는데 그것은 군, 환, 체로 대표되는 현대대수학 또는 추상대수학의 출현이다.

이 이론들은 19세기 갈루아가 군이라는 개념을 사용하면서부터 점점 확산되기 시작하여 20세기 대수학의 가장 핵심적인 연구 분야가 되었다.

■ 인물 : 아벨과 갈루아

아벨과 갈루아는 공통적인 면이 많다. 짧은 생을 살았다는 것과 비운의 수학 천재들이었다는 것이다. 그들의 삶에 대하여 살펴보자.

· 아벨(1802~1829)

아벨은 노르웨이의 한 가난한 시골 목사의 아들로 태어났다. 아벨은 장학금으로 중학교와 대학교를 다녔는데 중학교에 다닐 때 그는 많은 수학자들이 풀려고 했던 오차방정식의 해법을 찾는 방법을 연구하여 해법을 찾아냈다고 생각했다. 하지만 이것이 잘못된 것임을 이내 알고 1824

년 대학 입학 당시 오차방정식의 일반적인 해법은 없다는 유명한 논문을 발표했다.

이 논문으로 인하여 대학교를 졸업하고 난 후 수학 연구를 계속할 수 있도록 정부 보조금을 받을 수 있었고, 그는 독일, 이탈리아, 프랑스 등지로 여행을 다녔다. 이 여행 기간 중 많은 수학자들과 사귀었고 수많은 논문을 썼다. 또 크렐레를 만나 그의 잡지에 오차 이상의 방정식에 대한 연구 논문을 발표할 수 있었던 것은 그의 이름을 유럽에 알리는 계기가 되었다.

여행에서 돌아온 그는 자신이 원하던 대학 교수 자리를 얻지 못하고 대학 강사 자리를 얻어 생활하다가 결핵으로 27세라는 짧은 생을 마감하게 된다.

그의 짧은 일생에서 몇 가지 불행한 면이 보이는데 먼저 너무도 가난했다는 것이다. 그 당시 노르웨이는 영국, 스웨덴과의 전쟁으로 피폐해 있었다. 아벨의 집안은 가난한데다 형제가 일곱이나 되었다. 게다가 아버지는 아벨의 나이 18세 때 돌아가시고 아벨에게는 형제들을 보살펴야 하는 책임도 주어졌다.

또한 그가 일찍 명성을 얻을 뻔한 기회를 잃어버리게 되는 몇 가지 운이 좋지 않은 사건도 발생한다. 먼저 그는 여행을 떠나기 전 자신의 오차방정식에 관한 논문을 자비로 출판하여 가우스에게 보냈다. 그런데 가우스는 다른 사람들처럼 잘못된 증명을 해냈을 것이라고 미리 짐작하여 논문을 내던졌다고 한다. 또한 그가 파리에 있을 때 그의 또 다른 역작인 타원함수에 관한 논문을 학술원에 제출했는데 그 당시 심사를 맡았던 코시는 그의 논문을 훑어보지도 않고 그의 서재에 놓아 두었다. 이 논문은 그가 죽은 후에야 빛을 보게 된다. 또한 그가 죽고 난지 이틀 후 베를린 대학 교수가 되었다는 통보가 왔다고 한다.

    그는 짧은 생을 살았지만 오차 이상의 대수방정식, 2항급수론, 타원 함수론, 아벨함수 등의 연구에 커다란 업적을 남겼다.

· 갈루아(1811~1832)

갈루아는 1811년 파리 근교에 있는 작은 마을의 시장 아들로 태어났다. 그는 어렸을 때부터 수학의 천재였는데 이미 중학 재학 시절인 17세 때 방정식론에서 중요한 발견을 하여 학술원에 제출하였으나 그 논문은 보관 잘못으로 분실되었다. 그는 당시 최고의 명성을 자랑하던 고등이공과학교의 입시에 지원했지만 이마저 준비를 소홀히하여 두 번이나 낙방하게 된다.

    결국 갈루아는 교사가 되기 위해 1829년 고등 사범학교에 들어가는데 이곳에서 그는 민주주의에 깊은 감동을 받아 혁명에 참가하였고 이로 인해 학교에서 퇴학당하고 수개월 동안 감옥살이를 하였다. 그는 석방 직후 연애 사건에 휘말려 결투를 하다 죽었는데 그의 나이 21세 때였다. 그는 죽기 전날에 대수방정식과 치환군에 관하여 친구에게 편지를 썼는데 이것은 후에 현대대수학의 밑거름이 되는 귀중한 자료가 되었다.

갈루아도 아벨처럼 불운한 삶을 살았다. 그는 18세가 되는 해 그의 연구 자료를 정리하여 코시에게 의뢰하였다. 그런데 코시는 이 논문을 학사원에 제출해 주겠다는 약속을 잊어버리고 말았다. 또한 고등이공과학교 시험에서는 그의 능력을 정당하게 평가받지 못하고 두 번씩이나 낙방하게 되었고 그의 나이 18세가 되는 해에는 아버지가 돌아가셨다.

또한 대학 입학 후 학사원에 제출한 그의 대수방정식에 관한 논문 또한 심사를 맡은 간사가 일찍 죽게 되어 평가를 못 받았고 더군다나 그의 논문까지 없어져 버리고 말았다.

후에 학사원 회원이었던 푸아송(1781~1840)으로부터 다시 논문을 제출하면 검토해 보겠다는 연락을 받고 다시 냈지만 푸아송의 대답은 논문이 너무 어렵다는 것이었다.

그의 이론이 인정을 받은 것은 그가 죽은 후 40년이나 지난 다음에 조르당이 갈루아의 이론을 소책자로 발간하면서부터이다.

■ 참고 : 페르마의 마지막 정리

2보다 큰 자연수 n에 대하여 방정식 $x^n + y^n = z^n$을 만족시키는 자연수 x, y, z는 존재하지 않는다.

이 내용은 '페르마의 마지막 정리' 다.
페르마(프랑스, 1601~1665)는 디오판토스의 『산술』의 프랑스 어 번

역판에서 피타고라스의 정리 $a^2+b^2=c^2$을 만족시키는 자연수 a, b, c는 무수히 많다는 내용을 읽다가 위의 내용을 생각했다고 한다.

이 내용을 잠깐 살펴보자.

$x^n+y^n=z^n$에서 $n=1$일 때는 $x+y=z$가 된다. 이를 만족시키는 자연수 x, y, z는? 그거야 두말할 필요도 없이 무수히 많다.

$x+y=z \rightarrow$ $1+2=3$, $1+3=4$, $2+2=4$, ……
x, y, z $\rightarrow$ $(1, 2, 3)$, $(1, 3, 4)$, $(2, 2, 4)$ ……

$x^n+y^n=z^n$에서 $n=2$일 때는 $x^2+y^2=z^2$이 된다. 이를 만족시키는 자연수 x, y, z는? 이것 또한 무수히 많다.

$x^2+y^2=z^2$ $\rightarrow 3^2+4^2=5^2, 5^2+12^2=13^2, 6^2+8^2=10^2$ ……
x, y, z $\rightarrow$ $(3, 4, 5)$, $(5, 12, 13)$, $(6, 8, 10)$, ……

$x^n+y^n=z^n$에서 $n=3$일 때는 $x^3+y^3=z^3$이 된다. 이를 만족시키는 자연수 x, y, z는? 여기서부터가 문제다. 여러분이 직접 여러 가지 숫자를 대입해 보아도 위의 공식을 만족시키는 자연수 x, y, z가 생각나지 않을 것이다. 그건 당연하다. 왜냐하면 $x^3+y^3=z^3$을 만족시키는 자연수 x, y, z는 존재하지 않기 때문이다.

더 나아가 n의 값이 3 이상일 때는 $x^n+y^n=z^n$을 만족시키는 자연수 x, y, z는 존재하지 않는다. 문제는 증명 과정이다.

이것이 수학자들을 300년 동안 괴롭힌 이유가 되었다. 왜냐하면 페르마는 페르마의 마지막 정리를 『산술』의 여백에 써 놓고 그 증명을 발견하였으나 지면이 적어 쓸 수가 없다고 적어 놓았기 때문이다.

그 후 많은 수학자들은 페르마의 마지막 정리를 증명하려는 시도를 하였다.

$x^3 + y^3 = z^3$은 오일러, $x^4 + y^4 = z^4$은 페르마, $x^5 + y^5 = z^5$은 르장드르와 디리클레, $x^7 + y^7 = z^7$은 라메에 의해서 자연수 x, y, z가 존재하지 않는다는 것이 증명되었다.

완벽한 증명은 그 후에도 오랜 세월이 걸렸는데 심지어 독일의 수학자 볼프스켈은 1908년 페르마의 마지막 정리를 100년 이내에 최초로 증명하는 사람에게 10만 마르크를 주겠다는 유언을 남기기까지 한다.

증명에 성공한 사람은 1994년 영국의 와일스(1953~)였다.

3장 기하학

기하학이란 사물의 모양, 크기, 위치 등을 비롯해 일반적으로 공간에 관한 성질을 연구하는 수학이다. 도형에 관해 연구하는 학문이 기하학의 대표적인 것이다.

이 단원에서는 대수학 단원과 마찬가지로 기하학의 역사를 시대순으로 서술하였다. 대수학 단원과 약간의 차이가 있는 것은 대수학의 역사를 나라별로 또는 연대별로 서술했던 것에 비해 기하학은 발전시킨 사람들을 중심으로 서술하였다. 그러므로 소단원에서는 발전시킨 인물이 빠짐없이 나오는 것이 특징이다.

기하학은 고등학교보다는 중학교 교과 과정에서 큰 비중을 차지하고 있기 때문에 이 책에서도 될 수 있으면 자세한 내용까지 다룰 것이다.

1. 탈레스의 기하학

3·10·법·4 : 오늘 강좌는 탈레스에 대한 것이니라. 탈레스 하면 무엇이 생각나느냐?

4·5·정 : 막대기 하나로 피라미드 높이를 잰 사람 아니에요?

3·10·법·4 : 그래 맞추었다. 바로 그 사람에 대한 것이다. 먼저 탈레스 이야기를 하기 전에 재미난 이야기 하나를 들려주마.

학생들 : 재미있겠다.

3·10·법·4 : 15세기 독일에는 레이제라는 유명한 수학자가 있었단다.

이 사람은 당시 어른들이 어린이들에게 '레이제 같은 사람이 되라'는 말을 할 정도로 수학을 아주 잘했다고 하는구나.

4·5·정 : 부럽다.

3·10·법·4 : 그런데 어느 날, 레이제는 뽐내기 좋아하는 측량사를 만났지. 레이제는 겸손할 줄 모르고 뻐기기 좋아하는 측량사의 콧대를 꺾어 주고 싶어 단시간에 누가 더 많은 직각을 그려 넣는지 시합을 하자고 제안을 했단다.

손·5·0 : 재미있겠는데요.

3·10·법·4 : 직각 그리기에 자신이 있었던 측량사는 즉각 제안에 응했고 시합이 곧 시작되었지. 측량사는 커다란 흰 종이 위에 선분을 긋고 직각자로 하나하나 정확하게 직각을 그어 갔단다. 그 반면 레이제는 먼저 선분의 양 끝점과 원주를 지나는 선을 그어 재빨리 수많은 직각을 만들어 갔지. 누가 이겼겠느냐?

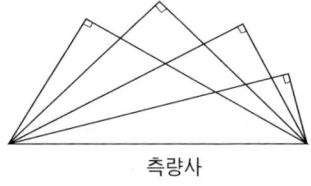
측량사

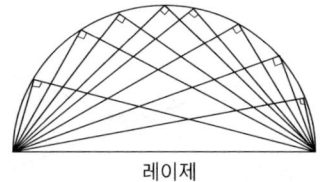
레이제

손·5·0 : 레이제요.

저·8·계 : 나는 측량사라고 생각을 하는데.

3·10·법·4 : 승자는 레이제였다.

저·8·계 : 왜 그렇죠?

3·10·법·4 : 원 위의 한 점과 지름의 양 끝점을 이어서 생기는 각은 항상 직각이란다. 레이제는 이 원리를 이용하였던 것이지.

저·8·계 : 그런데 이 시간에 왜 이 이야기를 하는 것이셔. 오늘은 탈레스라는 사람에 대해 이야기하는 시간 아니셔?

3·10·법·4 : 그래 맞다. 그런데 이 원리, 다시 말해 원 위의 한 점과 지름의 양 끝점을 이어서 생기는 각이 항상 직각이라는 이론을 증명한 사람이 바로 탈레스라는 사람이란다. 알겠느냐?

학생들 : 네.

기하학은 이집트에서 출발했지만 그 이론적 발전을 도모했던 것은 그리스였고 그리스 기하학의 출발점에 있던 학자가 바로 탈레스였다.

탈레스는 그때까지 단편적으로 알고 있었던 지식들을 증명이라는 과정을 통하여 체계화시켰다. 그 좋은 예가 다음의 '맞꼭지각의 크기가 같다'는 증명이다. 맞꼭지각이란 서로 마주 대하는 각을 말하는 것이다. 다음의 도형을 보면 각a와 각c, 각b와 각d가 맞꼭지각이 된다.

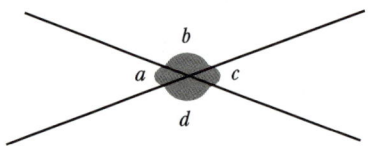

맞꼭지각 → ∠a = ∠c, ∠b = ∠d

누구나 위의 그림을 보면 맞꼭지각의 크기는 같다고 생각할 것이다. 실제로 이 사실은 고대로부터 알려져 있던 것이다. 그러나 증명 등의 과정 없이 경험을 통하여 알고 있는 단편적인 지식에 불과할 뿐이었다. 이것을 증명의 과정을 통하여 체계화시킨 사람이 탈레스였다.

위의 증명은 여러분도 쉽게 할 수가 있다. 다음의 그림에서 보면 각a

와 각b를 더한 값은 $180°$ 이다. 또한 각b와 각c를 더한 값도 $180°$ 가 된다. 그러므로 각a와 각c의 각, 즉 '맞꼭지각의 크기가 같다' 는 것이 증명되었다.

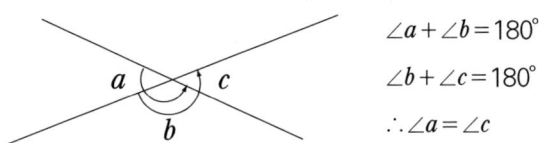

$$\angle a + \angle b = 180°$$

$$\angle b + \angle c = 180°$$

$$\therefore \angle a = \angle c$$

이 밖에도 삼각형의 닮음의 성질을 이용하여 피라미드의 높이를 재었던 일과 삼각형의 합동 조건을 이용하여 바닷물에 떠 있는 배의 거리를 재었던 일, 이등변 삼각형의 두 밑각의 크기는 같다는 것을 증명한 것이 탈레스의 대표적인 업적이다.

이들의 증명 과정은 여러분이 중학교 과정에서 배우는 것들이다. 자, 증명 과정을 보자.

피라미드의 높이

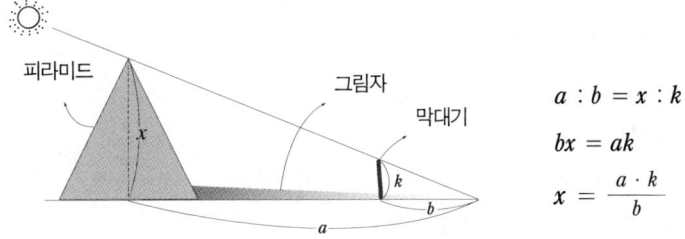

$$a : b = x : k$$

$$bx = ak$$

$$x = \frac{a \cdot k}{b}$$

배까지의 거리

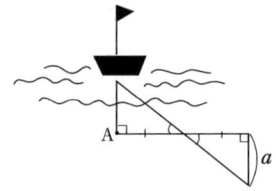

A에서 배까지의 거리는 a의 거리와 같다.(삼각형의 합동조건)

이등변 삼각형의 두 밑각의 크기가 같다.

이등변 삼각형 ABC에서 ∠A의 이등분선을 그어, 변 BC와의 교점을 D라 한다.

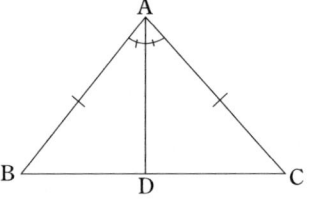

△ABD와 △ACD에서 $\overline{AB}=\overline{AC}$, ∠BAD=∠CAD, 공통변 $\overline{AD}$이므로 △ABD와 △ACD는 합동이다.(삼각형의 합동조건 : 두 대응변의 길이가 각각 같고, 그 끼인각의 크기가 같다.)

∴∠B=∠C

원주 위의 한 점과 지름의 양 끝점을 잇는 직선으로 이루어지는 각은 직각이다.

∠PAO=∠APO=a … ㉮

∠PBO=∠BPO=b … ㉯

△PAB에서

∠BPA+∠PAB+∠PBA=180°

(삼각형의 세 각의 합은 180°이다.)

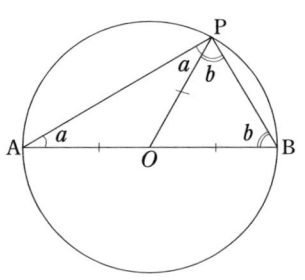

따라서 ㉮, ㉯로부터

$(a+b)+a+b=180°$

$a+a+b+b=180°$

$$2 \times a + 2 \times b = 180°$$
$$2 \times (a+b) = 180°$$
$$a+b = 180° \div 2$$
$$a+b = 90°$$

이렇게 기하학을 증명의 과정을 통하여 체계화시키려는 노력들이 그리스 시대의 기하학을 발전시킨 원동력이 되었던 것이다.

다음은 탈레스가 발견한 도형의 성질 중 대표적인 것을 나열해 놓았다.

탈레스가 발견한 도형의 성질

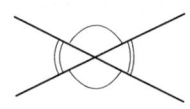 두 직선이 만나서 이루는 맞꼭지각의 크기는 같다.

 이등변 삼각형의 두 밑각의 크기는 같다.

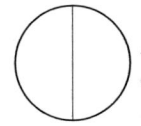 원은 지름에 의해 이등분된다.

 한 변의 길이와 그 양 끝의 각의 크기가 같을 때 이 두 삼각형은 합동이다.

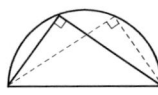 원주 위의 한 점과 지름의 양 끝점을 잇는 직선으로 이루어지는 각은 직각이다.

■ 인물 : 탈레스(기원전 624? ~ 기원전 546?)

탈레스는 기원전 624년 그리스 이오니아의 밀레토스 지방에서 태어났다. 그는 젊었을 때 여러 나라를 돌아다니면서 물건을 팔았는데, 상인이라는 이 직업이 그가 위대한 수학자가 되는 데 밑거름이 되었다. 여러 나라의 다양한 문물을 배울 수 있는 계기가 되었기 때문이다. 특히 이집트에서 그는 기하학에 대한 많은 지식을 얻을 수 있었다.

당시 이집트에는 기하학과 천문학에 관해 씌어진 비밀스러운 책이 있었다. 탈레스는 그 책이 어느 사원에 숨겨져 있다는 것을 알고 매일 찾아가 그 책을 보여 달라고 사정하였다. 이에 감동받은 승려는 책을 보여주었고 탈레스는 이 책에 감명을 받아 고향으로 돌아와 기하학과 천문학을 열심히 연구했다고 한다. 이집트에 있을 때 지팡이 하나로 피라미드의 높이를 계산했다는 유명한 일화도 전해진다. 이집트에서 많은 지식을 배우고 고향으로 돌아온 탈레스는 그때까지 단편적이기만 했던 지식들을 연구와 증명을 통해 체계화시켜 나갔다.

그는 수학자였을 뿐만 아니라 천문학자이기도 했다. 어느 날 탈레스는 천체 관찰에 너무 열중한 나머지 별을 보면서 길을 가다가 웅덩이에 빠진 적도 있었다. 이를 지켜보던 한 노파가 "자신의 발 앞도 보지 못하면서 어찌 하늘의 일을 알려고 하나?"라며 비웃었다는 이야기는 너무도 유명하다.

탈레스의 천문학 연구 가운데 유명한 것은 일식을 예언한 것인데 그해 그리스는 내전으로 인해 혼란한 상황이었다. 이때 탈레스는 달 때문에 태양이 보이지 않는 일식 현상을 정확히 예언하였으며, 사람들은 이 현상을 신의 노여움이라 생각하고 전쟁을 중지하였다고 한다. 탈레스에 관한 이야기는 이솝우화에도 나오는데 그 내용은 다음과 같다.

탈레스가 소금 장사를 하고 있을 때 소금을 당나귀 등에 실어 소금 광산에서 시장까지 운반하였다. 그런데 소금 광산과 시장 사이에는 조그만 냇물이 흐르고 있었는데 당나귀 중 한 마리가 이 냇가를 건널 때마다 물에 빠지는 것이었다. 이 때문에 소금은 쓸모가 없게 되어 버렸다. 물론 이 당나귀는 병들거나 늙은 당나귀가 아니라 평소 때는 건강한 당나귀였다. 당나귀는 소금이 물에 잠기면 가벼워진다는 것을 우연히 알았고 이 때문에 일부러 냇가를 건널 때 물에 빠진 것이다. 이를 전해 들은 탈레스는 자기가 직접 그 당나귀를 몰고 가기로 했다. 그런데 이번에는 등에 소금이 아니라 솜을 잔뜩 실었다. 당나귀는 냇가를 건널 때 평소 때와 같이 물에 빠졌다. 그런데 이번에는 소금이 아니라 솜을 실었기 때문에 가벼워지는 것이 아니라 오히려 무거워지는 것이 아닌가? 그날 이후로 당나귀의 이 나쁜 버릇을 고칠 수가 있었다고 한다.

전해지는 이야기에 따르면 탈레스는 장사에도 수완이 있어 어느 해인가 올리브의 대풍작을 예견하고 그 지역의 착유기에 대한 전매권을 얻은 다음 농민들에게 착유기를 빌려 주어 많은 돈을 벌었다고도 한다.

2. 피타고라스의 기하학

저·8·계는 타임머신을 타고 기원전 5세기 그리스로 날아갔다. 학교에서 '피타고라스의 정리'를 배우고 있었던 터라 피타고라스가 어떤 사람인지 알아보고 싶었기 때문이다.

저·8·계가 처음으로 피타고라스를 보았을 때 그는 길가에 있는 보도블록을 내려다 보면서 한없이 걸어가고 있었다. 저·8·계가 말을 걸수가 없을 만큼 근엄한 표정을 하고서 말이다. 이때 피타고라스는 무언가를 깨달았다는 듯이 무릎을 치면서 기뻐했다.

저·8·계는 이제 궁금하여 말을 안 걸 수가 없었다.

저·8·계 : 피타고라스 아저씨, 지금 무엇을 발견하였는데 그렇게 기뻐
　　　　하셔?

피타고라스 : 너는 누구냐?

저·8·계 : 나는 저·8·계이셔. 손·5·0의 친구이지요.

피타고라스 : 내가 보기에 너는 돼지 같은데 말도 하는구나. 어쨌든 내가
　　　　　　기뻐하는 이유는 바로 보도블록을 보고 새로운 발견을 하
　　　　　　였기 때문이니라.

저·8·계 : 그게 뭔데요?

그러자 피타고라스는 길가에 있는 보도블록을 가리키면서 설명을 하기 시작했다.

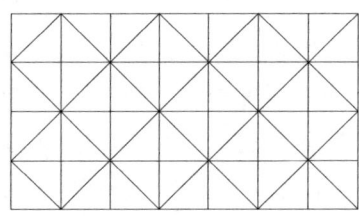

피타고라스 : 먼저 타일 한 개는 직각삼각형으로 되어 있지. 그리고 각
변에 연결되어 있는 타일을 관찰해 보는 거야.

저·8·계 : 그래서요?

피타고라스 : 먼저 타일 하나의 직각삼각형의 각 변에 연결된 정사각형
을 만들어 보는 거지. 그러면 빗변 위에 그려진 정사각형에
는 몇 개의 타일이 들어가 있느냐?

저·8·계 : 네 개의 타일이 들어가 있으셔.

피타고라스 : 그러면 나머지 두 변 쪽에는 각각 몇 개의 타일이 들어가
있지?

저·8·계 : 두 개씩 들어가 있네요.

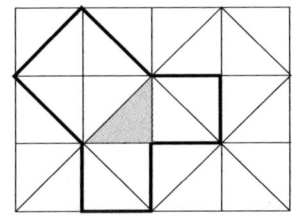

피타고라스 : 아직까지 무언가를 발견하지 못했느냐?

저·8·계 : (고개를 갸우뚱하며) 잘 모르겠는데요.

피타고라스 : 이런 한심한지고. 직각삼각형의 빗변의 한 변과 나머지 두
변 사이에는 2+2=4라는 원리가 성립한다는 것을 알 수가
있다는 거지. 다시 말해 직각삼각형의 빗변의 길이를 한 변
으로 하는 정사각형의 넓이는 다른 두 변의 길이를 각각 한
변으로 하는 두 정사각형의 넓이의 합과 같다는 것을 알 수
가 있다는 거야.

저·8·계 : 어, 정말 그러네.

피타고라스 : 이건 정말 중요한 발견이구나. 이러한 원리가 모든 직각삼
각형에 성립하는지 연구해 보아야겠다.

그런 후 피타고라스는 유유히 집으로 돌아갔다.

피타고라스가 연구한 기하학의 업적은 직각을 3등분하는 방법, 황금분
할 연구, 정다면체, 원뿔, 원기둥의 연구 등등 아주 많다. 그 가운데서
'피타고라스의 정리'가 가장 대표적이다.

피타고라스의 정리란 직각삼각형의 직각을 끼고 있는 두 변의 길이를
각각 a, b라 하고, 빗변의 길이를 c라 하면 $a^2+b^2=c^2$이 성립한다는 정
리이다.

피타고라스의 정리

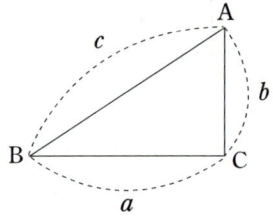

직각삼각형의 직각을 끼고 있는 두 변의 길이를 각각 a, b라 하고, 빗변의 길
이를 c라 하면 $a^2+b^2=c^2$이다.

앞의 보도블록의 경우에서 이러한 원리가 성립한다는 것을 이미 살펴
보았다.

'피타고라스의 정리' 발견에 대한 설은 여러 가지가 있는데 앞에서와 같이 피타고라스가 길가의 보도블록을 보고 발견하였다는 설도 그 중의 하나다.

이집트 사람들은 변의 길이가 3, 4, 5이면 직각삼각형이 된다는 것을 알았고, 바빌로니아 사람들은 변의 길이가 5, 12, 13이면 직각삼각형이 된다는 것을 알고 있었다.

그런데 피타고라스는 거기서 더 나아가 $3^2 + 4^2 = 5^2$이 되고, $5^2 + 12^2 = 13^2$이 된다는 원리를 깨달았고 그러한 원리가 모든 직각삼각형에서 성립한다는 것을 증명하였던 것이다.

이 피타고라스의 정리는 굉장히 중요한데 그 이유는 바로 이 정리에 의해 직각을 쉽게 만들어 낼 수 있었기 때문이다. 직각을 만들 수 있었으므로 높은 건물을 짓는 데도 유용하게 쓰일 수가 있었다.

피타고라스는 이 정리를 발견하고 너무 기쁜 나머지 신에게 황소 100마리를 바쳤다고 한다. 그러나 이 정리는 피타고라스에게는 또 다른 재앙을 가져다 주었다. 이 피타고라스 정리에 의하여 무리수가 발견되었기 때문이었다.

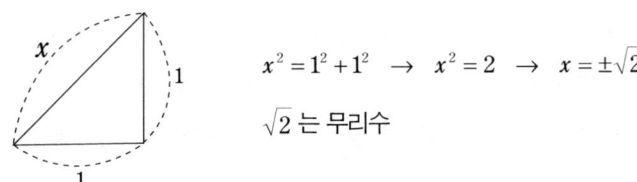

$$x^2 = 1^2 + 1^2 \quad \rightarrow \quad x^2 = 2 \quad \rightarrow \quad x = \pm\sqrt{2}$$

$\sqrt{2}$ 는 무리수

피타고라스는 제자들에게 유리수가 모든 수의 세계라고 가르쳤고, 스스로도 그렇게 믿어 왔기 때문에 무리수의 발견은 피타고라스에게 커다란 도전이 될 수밖에 없었다.

피타고라스 정리에 대한 증명은 지금까지 거의 400개에 달하고 있다. 유클리드의 『원론』에도 증명 과정이 실려 있고 중국에서는 '구고현의 정리'라 하여 『주비산경』에 그에 대한 정리가 포함되어 있으며 인도에서는 12세기 인도의 수학자 바스카라가 1150년에 『시단타 시로마니』라는 책을 저술했는데 이 책에도 나와 있다. 뿐만 아니라 미국의 20대 대통령 가필드도 피타고라스의 정리에 대한 증명을 하였고, '모나리자'로 유명한 화가 레오나르도 다 빈치도 증명하였다. 피타고라스의 정리에 대한 증명이 이토록 많은 것은 이 정리가 그만큼 중요하다고 생각했기 때문이다.

그러면 잠깐 이야기를 돌려 탈레스와 피타고라스 시대 이후의 유럽 역사에 대하여 살펴보자. 알렉산더 대왕은 그리스 전체의 폴리스들을 장악하고 이집트와 메소포타미아 그리고 시리아 지역에 걸친 전 영역을 정복한다. 그러나 알렉산더 대왕이 일찍 죽자 이 지역은 이집트, 시리아, 마케도니아 등 세 왕조로 분리된다. 이 시대를 헬레니즘 시대라고 한다.

헬레니즘 시대의 중심은 역시 모든 부가 밀집되어 있던 이집트였고 이집트에서도 무역의 중심지였던 항구 도시 알렉산드리아였다. 학문의 발달은 알렉산드리아 도시에 있는 도서관과 알렉산드리아 대학에서 이루어졌다. 헬레니즘 시대는 로마군이 유럽 전역과 이집트 등을 포함한 방대한 영토를 정복하자 막을 내리게 된다. 앞으로 배울 유클리드, 아폴로니우스, 아르키메데스 등이 헬레니즘 시대를 꽃피운 수학자들이다.

■ 인물 : 피타고라스(기원전 582? ~ 기원전 497?)

피타고라스의 일생은 기원전 수학자들이 그러하듯이 전설에 가까운 면이 없지 않다. 피타고라스는 에게 해 연안의 사모스 섬에서 태어났다. 젊었을 때는 이집트, 바빌로니아를 두루 여행하면서 많은 것을 배우고 고향으로 돌아와 학교를 세우려 했으나 그곳은 참주의 폭정 아래 있었기 때문에 지금의 남 이탈리아의 크로톤으로 자리를 옮겨 학교를 세웠다. 이 학교가 그 유명한 피타고라스 학교이다. 학교를 세우자 많은 제자들이 몰려들었는데 그들은 결속이 대단히 강했다고 한다. 그래서 이들은 마치 비밀 결사처럼 움직이며 정치에도 큰 영향을 끼치게 된다.

피타고라스 학회에 대하여는 전해지는 이야기가 많은데 그 중 몇 가지만 소개하자면 다음과 같다.

이 학회에 들어오는 사람은 자신이 가지고 있는 모든 재산을 학회에 헌납했다. 그러나 학회를 탈퇴할 때는 바쳤던 재산의 두 배를 가지고 나갔고 탈퇴한 사람의 업적을 기리기 위하여 기념비까지 세워 주었다. 또한 학생들이 학교에서 배운 것이나 연구한 것은 일체 외부에 발설할 수 없게끔 엄격히 금지했으며 여기서 발견한 것은 모두 피타고라스의 이름으로 발표해야 했다. 그래서 '피타고라스의 정리'를 비롯한 피타고라스가 발견했다고 여겨지는 기하학의 발견들이 피타고라스 자신이 발견한 것인지 아니면 피타고라스 학회에서 발견한 것인지는 아무도 알 수가 없다.

그 대표적인 예가 그의 제자 메타폰토스의 히파소스에 대한 이야기다. 그는 '피타고라스의 정리'에 의하여 발견된 무리수에 대한 이야기를 누설했는데 그 때문에 천벌을 받아 해난을 당해 죽었다고 전해진다. 그런데 사람들은 그의 죽음에 미심쩍은 점이 많아 피타고라스 학파에 의해 죽음을 당했을 것이라 생각했다.

학회는 남녀 평등을 원칙으로 하였기 때문에 제자 가운데는 여자도 있었다. 그 당시 여성은 제사에도 참여할 수 없고 발언권도 가지지 못하는 형편이었지만 이 학회에 있는 남녀는 똑같은 교육을 받았다. 피타고라스는 여자 제자 중 밀로의 딸 테아노와 많은 나이 차이에도 불구하고 결혼을 하게 된다.

그들은 결속을 다지기 위하여 여러 가지 규율 아래 절제된 생활을 하였는데 그 규율 중에는 콩을 먹지 말라는 것도 있었다. 그만큼 학회 사람들은 콩을 신성시했는데 그 까닭은 그들이 숫자를 표시할 때 쓰던 점이 콩과 닮았기 때문이었다.

피타고라스의 최후에 대하여도 많은 설이 있는데 그 한 가지는 그가 기획한 계몽 운동에 반대하는 사람들이 학교에 불을 질러 그 불길에 휩싸여 죽었다는 것이고, 또 한 가지는 학교가 불길에 휩싸였을 때 그는 제자들의 도움으로 빠져 나올 수가 있었는데 콩밭을 지나가게 되자 콩을 훼손시키지 않기 위해 지나가지 못하고 있다가 폭도들에게 잡혀 죽음을 맞이했다는 것이다.

그가 죽은 후에도 살아남은 그의 제자들에 의하여 그의 사상은 후세에 계속 이어지게 되었다.

■참고 : 정다면체

피타고라스가 연구한 것 중에는 정다면체에 대한 내용도 있다. 정다면체란 각 면은 크기가 같은 정다각형으로 되어 있고, 각 꼭지점에 모이는 면의 수가 같은 입체 도형을 말한다. 만약에 정사면체라면 각 면의 크기, 즉 4개의 정삼각형이 크기가 같고 또 각 꼭지점에 모이는 면의 수가 3개씩 똑같은 사면체를 말한다.

정다면체는 정사면체, 정육면체, 정팔면체, 정십이면체, 정이십면체 이렇게 다섯 개뿐이다.

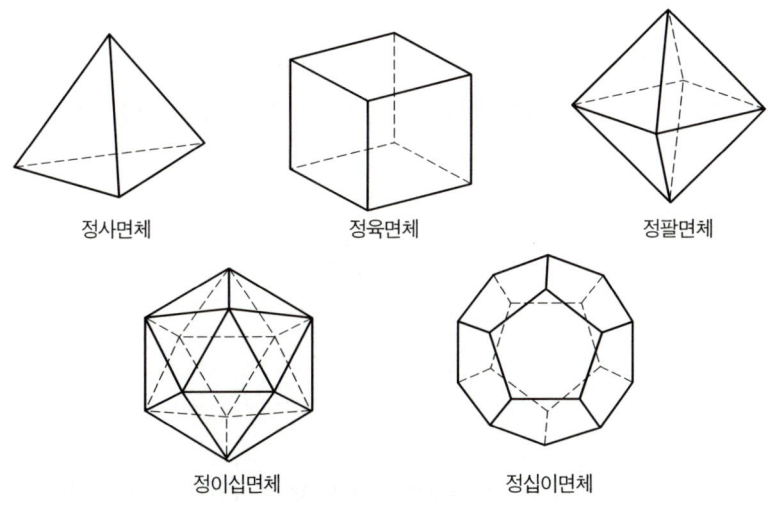

정사면체   정육면체   정팔면체

정이십면체   정십이면체

그러면 정다면체에 대하여 알아보도록 하자.

어느 도형이든지 한 꼭지점에 2개의 도형이 모여서는 입체가 되지 않는다. 그러므로 어느 도형이든지 한 꼭지점에 3개 이상의 도형이 모여야 입체도형이 만들어진다.

그렇다면 정삼각형을 생각해 보자. 정삼각형의 한 꼭지점에 3개의 정삼각형이 모이면 정사면체, 4개의 정삼각형이 모이면 정팔면체, 5개의 정삼각형이 모이면 정이십면체가 만들어진다.

정사면체   정팔면체   정이십면체

그러면 한 꼭지점에 정삼각형이 6개 모이면 어떻게 될까? 한 꼭지점에 정삼각형이 6개 모이면 360도($60° \times 6 = 360°$), 즉 평면이 되어 버린다.

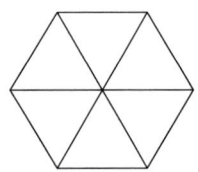

그래서 한 꼭지점에 정삼각형이 6개 이상 모이면 다면체를 만들 수 없다. 왜냐하면 다면체는 입체가 되어야 하는데 한 꼭지점에 정삼각형이 6개가 모이면 평면이 되어 입체 도형을 만들 수가 없기 때문이다. 그러므로 한 꼭지점에 모이는 정삼각형의 개수가 6개 이상이면 정다면체를 만들 수 없다.

정사각형도 마찬가지이다. 한 꼭지점에 정사각형 3개가 모이면 정육면체가 만들어지지만 4개만 모여도 360도$(90° \times 4 = 360°)$가 되어 평면이 되므로 정다면체를 만들 수 없다.

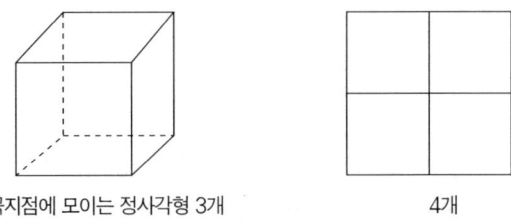

한 꼭지점에 모이는 정사각형 3개   4개

정오각형은 한 꼭지점에 3개의 도형이 모이면 정십이면체가 되지만 4개의 도형만 모여도 입체가 되지 않는다.$(108° \times 4 = 432°)$

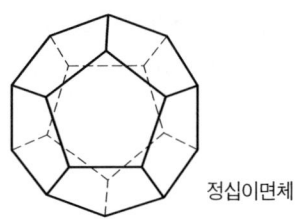

정십이면체

그러면 정육각형을 살펴보자. 정육각형의 한 꼭지점의 각은 120°이다. 그러므로 한 꼭지점에 정육각형 3개만 모여도 평면$(120° \times 3 = 360°)$이 되어 버리므로 정다면체를 만들 수 없다.

따라서 정육각형 이상의 도형은 정다면체를 만들 수 없는 것이다. 다음의 표를 보면 이 관계를 보다 명확히 알 수가 있다.

한 꼭지점에 모이는 면의 개수 ＼ 면의 모양	정삼각형	정사각형	정오각형	정육각형 이상
3개	정사면체	정육면체	정십이면체	×
4개	정팔면체	×	×	×
5개	정이십면체	×	×	×
6개 이상	×	×	×	×

　이와 같이 계산해 보면 정다면체는 정사면체, 정육면체, 정팔면체, 정십이면체, 정이십면체의 다섯 가지뿐이라는 것을 알 수 있다.

　그 당시에는 정다면체가 중요하게 연구되었는데 그것은 그 희소성 때문이었다. 특히 플라톤은 자신이 생각하는 우주의 원소들을 이들 정다면체에 결부시켰다. 예를 들면 플라톤은 우주가 불, 흙, 공기, 물의 네 가지 원소로 이루어져 있다고 믿었는데 불은 정사면체, 흙은 정육면체, 공기는 정팔면체, 물은 정이십면체 그리고 이 네 원소를 전부 그 속에 간직하고 있는 '그릇'인 정십이면체를 대우주의 상징으로 간주했던 것이다.

3. 유클리드의 기하학

이제 타임머신은 다시 유클리드가 살았던 기원전 300년대의 이집트로 날아갔다. 그곳에는 세계 최초의 대학인 알렉산드리아 대학이 있었는데 대학 선생님 중에는 유명한 사람이 많았다. 유클리드도 그 중 한 사람이었다.

알렉산드리아 대학 도서관에서 저·8·계는 유클리드를 만날 수 있었다. 그는 방대한 분량의 수학 서적을 정리하느라 정신이 없는 듯했다.

저·8·계 : 아저씨, 지금 무얼 하고 계세요?

유클리드 : 응, 지금까지 학자들이 연구했던 수학의 연구 업적들을 정리하고 체계를 세우는 작업을 하는 거야. 수학에 대한 이론은 그리스 시대부터 많이 발전하였는데 체계적인 책이 없어. 학자들 각자가 연구한 것들을 체계화시켜 놓으면 후세에 길이 남을 아주 귀중한 자료가 나오지 않겠니?

저·8·계 : 하지만 이렇게 방대한 수학의 업적들을 체계화시키는 것도 그리 쉽지 않은 것처럼 보이는데요.

유클리드 : 그래, 네 말이 맞다. 그것도 단순히 정리만 하는 게 아니라 체계를 세워 나가야 하니까 말이지.

저·8·계 : 무엇부터 하지요?

유클리드 : 먼저 도형에 대한 정확한 용어에 대한 약속을 정해 놓아야 하겠지. 다시 말해 '정의'부터 이야기를 해야 한다는 거야.

저·8·계 : 아, 알아요. '정의'란 용어에 대한 약속을 이야기하는 것이죠. 점은 부분이 없는 것이다. 이런 식으로 점, 선, 면, 직선, 평면 등에 대한 정의를 내리는 것 말이에요.

유클리드 : 그래, 잘 맞추었다. 그런 다음에 무엇을 하면 좋을까?

저·8·계 : 글쎄요.

유클리드 : 기하학에서의 기본적인 명제들을 약속해야겠지. 예를 들면
'임의의 점에서 임의의 점까지 직선을 그을 수 있다' 는 식으
로 말이야. 이를 공준이라고 하자.

저·8·계 : 그런 다음에는요?

유클리드 : 일반적인 성격의 기본 명제를 이야기해야 하지 않을까? '같
은 것에 같은 것은 서로 같다' 라는 식으로 말이지. 이를 공리
라고 한단다.

저·8·계 : 그런 다음은요?

유클리드 : 도형에서의 기본적인 명제들이 있지. 예를 들면 '이등변 삼각
형의 두 밑각의 크기는 서로 같다' 라는 명제들 말이야. 이러
한 기본 명제들은 다른 이론을 증명하는 데 없어서는 안 되는
아주 중요한 것들이지. 이들을 '정리' 라고 한단다.

저·8·계 : 아, 정리요. 저도 알아요.

유클리드 : 그 다음에 앞에서 나온 정의, 공준, 공리, 정리를 바탕으로 가장 기본적인 도형인 삼각형부터 피타고라스의 정리, 원, 원뿔, 구, 다면체 등의 여러 가지 이론을 증명하면 만사 오케이.

저·8·계 : 그러면 끝난 건가요?

유클리드 : 그렇지. 증명 방법도 간접증명법과 직접증명법을 적절히 사용하고 말이지.

저·8·계 : 그런데 말이에요, 앞의 정의, 공준, 공리 같은 것은 공부 못하는 제가 보아도 다 아는 사실 아닌가요? 예를 들면 공리에서 '같은 것에 같은 것은 서로 같다' 라든지 '전체는 부분보다 크다' 등등, 또 공준도 그래요. '임의의 점에서 임의의 점까지 직선을 그을 수 있다' 는 것은 누구나 알고 있는 것인데요. 정의에서 이야기하는 점, 선, 면, 평면 등에 대한 이야기도 그렇고요.

유클리드 : 어허, 모르는 소리. 이 책은 지금까지의 모든 학설을 정리하고 체계화시키는 데 목적이 있다고 했지. 그런데 말이야, 어떤 도형이 있을 때 단순히 연구한 이론에 대한 증명들만 늘어놓으면 안 된다는 거야.

저·8·계 : 그게 무슨 말이서?

유클리드 : 예를 들어 볼까? '맞꼭지각의 크기는 같다' 는 것을 증명한다고 하자. 그런데 같다는 것은 무엇을 의미할까?

저·8·계 : 그냥 같은 거요.

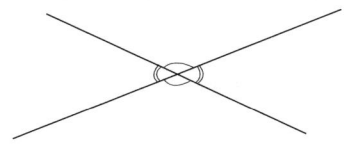

두 직선이 만나서 이루는 맞꼭지각의
크기는 같다.

유클리드 : 그냥 같은 거라니. 그냥 같은 것은 어떤 의미지?

저·8·계 : 그런 질문이 어디 있어요? 같으니까 그냥 같은 거지요.

유클리드 : 하지만 그냥 같다고 하면 남에게 설득력이 없어. '같은 것에 같은 것은 서로 같다', '서로 겹쳐지는 것은 서로 같다' 이렇게 약속을 해두는 거야. 바로 공준에서 배운 것처럼.

저·8·계 : 하지만 그건 누구나 알고 있는 사실 아닌가요?

유클리드 : 그래, 그러나 누군가 '같다는 것은 대체 무엇을 의미하지요?' 라고 물어 보면 그냥 같은 거라고 이야기할래?

저·8·계 : 그거야 그렇게 말할 수는 없겠지요.

유클리드 : 그렇지. 이 작업은 후세에 길이 남을 기하학의 참고서를 만드는 거야. 그러니까 이 세상 어느 누구라도 인정할 수 있도록 우리가 쉽게 알고 있는 것까지도 이렇게 약속을 해놓아야 하지 않겠어?

저·8·계 : 아, 그렇구만요.

유클리드 : 그러면 다시 예를 들어볼까. '맞꼭지각의 크기는 같다'는 증명에서 맞꼭지각을 이루는 두 직선에 대해서 직선은 어떤 성질을 가지고 있느냐가 정의되어 있어야 하지 않겠어?

저·8·계 : 그러니까 '임의의 점에서 임의의 점까지 직선을 그을 수 있다' 또는 '유한의 직선을 계속해서 직선으로 연장할 수 있다' 등등 직선에 대한 예를 명문화시켜 놓았군요. 기하학에서 필요한 명제들 바로 공리 말이죠.

유클리드 : 바로 그거야. 이제야 말이 통하는군. 그러면 '직선은 대체 무엇이냐?'고 물어 오는 사람이 있다면?

저·8·계 : 그것도 간단하죠. 직선에 대한 정의가 나와 있기 때문이에요. '직선이란 그 위의 점에 대해서 한결같은 선이다'라고 이야기하고 있잖아요?

유클리드 : 그래, 이렇게 되니까 '맞꼭지각의 크기는 같다' 는 증명을 하는 데 아무런 걸림돌이 없게 되었지. 누군가 토를 달지 못하게 되었단 말이야.

저 ·8 ·계 : 아, 그러니까 누구나 알고 있는 진리까지도 명문화시키고 체계를 만들어가고 있군요.

유클리드 : 그렇단다. 앞으로 『원론』에 나와 있는 모든 증명들도 다 이렇게 정의, 공준, 공리, 정리를 기본으로 해서 증명을 해나가야 하겠지. 완벽함을 추구하기 위해서 말이야.

저 ·8 ·계 : 꽤 오랜 시간이 걸리겠는데요.

유클리드 : 해 내야지. 암 그렇구말고(왕건 버전).

기원전 300년대에 살았던 유클리드는 그때까지 나와 있던 수학의 연구 자료들을 모아 하나의 책으로 완성했는데 그것이 바로 『원론』이다.

『원론』은 오늘날까지도 기하학의 교과서라고 할 만큼 수학을 공부하는 사람들이 꼭 읽어야 하는 지침서가 되어 있다. 왜 이렇게 기원전에 씌어진 이 책이 지금까지 읽히고 있을까? 그것은 이 책이 가지고 있는 논리적이고 체계적인 점 때문이다.

『원론』은 총 13권으로 되어 있으며 각각의 구성은 다음과 같다.

제1권 : 삼각형, 평행선, 평행사변형, 피타고라스의 정리

제2권 : 피타고라스 정리의 응용

제3권 : 원

제4권 : 원에 내접 또는 외접하는 다각형에 관한 정리

제5권 : 기하학적 비례

제6권 : 닮은꼴

제7~10권 : 소수, 비례수, 최대 공약수, 등비급수

제11~13권 : 각뿔, 원기둥, 원뿔, 구, 다면체

제1권은 23개의 정의, 5개의 공준, 5개의 공리로부터 시작한다. 정의란 용어에 대한 약속을, 공준이란 기하학에서 누구나 의심하지 않고 받아들일 수 있는 고유한 약속을, 공리란 모든 학문에서 당연히 성립하는 공통적인 진리를 말한다.

다시 말하면 정의란 용어에 대한 약속, 공준이란 기하학과 관련 있는 기본 명제, 공리란 일반적인 성격의 기본 명제이다.

정의

1. 점은 부분이 없는 것이다.

2. 선은 폭이 없는 길이다.

3. 선의 끝은 점이다.

4. 직선이란 그 위의 점에 대해서 한결같은 선이다.

5. 면이란 길이와 폭만을 가진 것이다.

6. 면의 끝은 선이다.

7. 평면은 그 위에 있는 직선에 대해 한결같은 면이다.

......

공준

1. 임의의 점에서 임의의 점까지 직선을 그을 수 있다.

2. 유한의 직선을 계속해서 직선으로 연장할 수 있다.

3. 임의의 점을 중심으로 하고, 임의의 반지름을 갖는 원을 그릴 수 있다.

4. 모든 직각은 서로 같다.

5. 한 직선이 두 직선과 만날 때 같은 쪽에 있는 두 내각의 합이 2직각보다 작으면, 두 직선을 한없이 연장했을 때 반드시 2직각보다 작은 각이 있는 쪽에서 만난다.

공리

1. 같은 것에 같은 것은 서로 같다.

2. 같은 것에 같은 것을 더하면 그 결과는 같다.

3. 같은 것에서 같은 것을 빼면 그 나머지는 같다.

4. 서로 겹쳐지는 것은 서로 같다.

5. 전체는 부분보다 크다.

이 책의 우수성은 매듭을 풀어가듯이 체계적으로 서술되어 있다는 것이다. 먼저 점, 선, 면 등 도형의 기본적인 요소들을 정의해 놓았고, 그 다음 이 점, 선, 면 등의 상호 관계를 규정해 놓은 공준을, 그리고 공통적인 진리라고 할 수 있는 공리를 이야기하고 있다. 또한 정리를 증명하는 것으로 시작하여 도형의 가장 기본적인 삼각형으로부터 원뿔, 구, 다면체까지 이어지고 있다. 그리고 증명의 방법에서도 직접 증명법과 간접 증명법을 적절히 사용하고 있는 것이다.

유클리드의 『원론』에 나타난 수학의 증명 과정은 그 후 수세기 동안 많은 학자들에게 상당한 영향을 주었다. 유클리드의 『원론』은 1482년에 초판이 인쇄된 후 지금까지 1000쇄가 넘도록 인쇄되었으며 2000년 이상 전세계적으로 기하학의 교과서로 사용되고 있다.

17세기의 뉴턴도 자신의 최고의 걸작 『프린스키아』의 형식을 『원론』

의 형식에 맞추려고 노력했다. 그 후 19세기에 비유클리드 기하학 등 여러 가지 기하학이 나왔는데 이와 구별짓기 위하여 유클리드가 사용했던 형식은 '유클리드 기하학'이라고 부르게 된다.

그러나 유클리드 기하학에는 아쉬운 점도 있었다. 그 논리적인 완벽함에도 불구하고 유클리드 기하학은 도형 그 자체만을 연구하는 정적인 기하학이었다.

특히 유클리드 기하학이 도전을 받은 것은 『원론』이 나오고 한참이 지난 19세기 전반에 와서였다. 그것은 유클리드의 다섯 번째 공준에서 비롯된 것인데 앞에서도 설명했지만 이 5공준이란 '한 직선이 두 직선과 만날 때 같은 쪽에 있는 두 내각의 합이 2직각보다 작으면, 두 직선을 한없이 연장했을 때 반드시 2직각보다 작은 각이 있는 쪽에서 만난다'는 것이다.

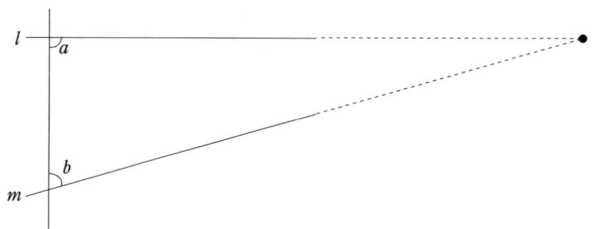

$a + b < 180°$이면 직선 l과 m은 만난다.

수학자들은 수세기 동안 이 5공준을 증명하려는 노력들을 했는데 여기에서 탄생한 것이 비유클리드 기하학이다.

하지만 지금도 유클리드 기하학은 수학의 전 영역에 걸쳐 있다. 여러분이 학교에서 배우는 교과서를 보면 정리, 증명, 정의 등 유클리드의 형식을 빌려 쓰고 있는 것들이 많다.

유클리드에 대해서는 알려져 있는 것이 거의 없다. 그가 알렉산드리아 대학 교수였다는 사실과 몇 가지 일화가 전해질 뿐이다.

먼저 이집트의 알렉산드리아 대학에 대한 이야기부터 해 보도록 하자. 이 대학이 세워지게 된 데에는 그 당시의 정복자 알렉산더 대왕의 공이 컸다. 그는 그리스를 포함하여 소아시아와 이집트 등 지중해 연안의 많은 나라들을 정복했는데 이것을 자랑하기 위하여 나일 강변에 알렉산드리아라는 새로운 도시를 건설한다. 알렉산더가 죽은 후 이집트를 지배하고 있던 프톨레마이오스 왕은 그곳에 거대한 도서관과 박물관을 건설하고 세계 최초의 대학인 알렉산드리아 대학을 설립하여 많은 학자를 초빙하였다.

유클리드는 알렉산드리아 대학에서 수학을 가르치면서 많은 수학의 연구들을 집대성한다. 이렇게 해서 탄생한 것이 역사에 남을 『원론』이다. 물론 유클리드는 『원론』 외에도 몇 가지 저서를 남겼는데 수학 서적

으로는 둘밖에 남아 있지 않다. 유클리드가 이렇게 그때까지의 수학의 업적들을 체계적으로 정리해 나갈 수 있었던 것은 도서관에 있는 많은 책들의 도움이 컸다.

유클리드에 대해 전해지는 다른 일화로는 프톨레마이오스 2세 왕이 기하학을 쉽게 배울 수 있는 방법이 없겠느냐고 물어 보자 "기하학에는 왕도가 따로 없습니다"라고 대답했다는 이야기와 제자 한 사람이 짜증 섞인 목소리로 "선생님, 대체 기하학을 배워 무엇에 씁니까?"라고 말하자 유클리드는 그의 조수에게 "이 사람에게 동전 하나를 던져 주어라. 배우면 무언가 이득이 생겨야 한다고 생각하는 모양이니까"라고 말했다는 이야기가 있다.

4. 아르키메데스의 기하학

기원전 212년께 로마 군대는 이탈리아를 지나 시라쿠사 섬으로 진격했다. 물론 로마 군대의 장수 마루켈루스는 시라쿠사 섬을 쉽게 정복할 수 있다고 생각하였다.

마루켈루스 : 대로마 제국이 저 조그만 시라쿠사 섬을 함락시키기는 식은 죽 먹기지. 안 그러냐?

신하들 : 그러하옵니다.

마루켈루스 : 자, 가자. 시라쿠사 섬을 진격하여 단숨에 대로마 제국을 건설하자꾸나.

마루켈루스가 그렇게 자신하는 것도 무리는 아니었다. 로마는 이미 이집트, 메시아, 그리고 그리스를 정복하여 대로마 제국을 이룩하기 일보 직전이었기 때문이었다. 그러니 조그만 섬나라인 시라쿠사의 군대와는 상대가 되지 않았다.

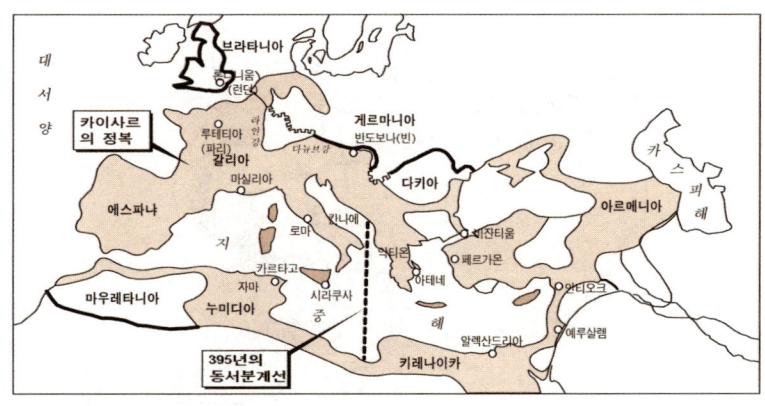

배는 이탈리아를 떠나 섬으로 진격했다. 배들이 섬에 가까이 갔을 때 섬에서는 커다란 돌이 날아와 배들을 침몰시켰다.

마루켈루스 : 아니, 이게 어찌된 것이냐. 저 큰 돌들이 어떻게 배까지 날아올 수가 있단 말이냐?

신하 : 저, 그것은 아르키메데스가 만든 투석기를 이용한 것인 줄 아옵니다.

마루켈루스 : 뭣이라, 아르키메데스의 투석기라? 어쨌든 일단 배를 후퇴시켜라!

자신만만하던 로마 군대는 일단 후퇴를 하였다. 수습을 하고 있을 때 갑자기 배가 타기 시작했다.

마루켈루스 : 아니, 이건 또 무엇이냐?

신하 : 예, 그것은 아르키메데스가 만든 커다란 거울로 빛을 모아 배를 타게 한 줄 아옵니다.

마루켈루스 : 오, 정말 시라쿠사 섬에는 대단한 학자가 살고 있었구나.

내 그 명성은 익히 들어 알고 있었지만 이렇게 놀라운 학자인지는 몰랐다. 일단 조금만 더 후퇴를 하자. 빛의 영향력에서 멀어질 수 있는 곳까지 말이다.

배들은 더욱 후퇴를 했다. 그리고 며칠이 지났다.

신하 : 장군님 이렇게 보고만 있으면 어찌 하시려고 그러십니까?

마루켈루스 : 그러면 어찌 하겠느냐. 시라쿠사 섬에는 아르키메데스가 있지 않느냐? 그가 또다시 어떤 무기로 우리를 괴롭힐지 모른다. 그는 실로 전설에 나오는 100개의 눈을 가진 '브리아레오스'와 견줄 만한 대단한 인물이다. 그가 있는 한 시라쿠사 섬을 어떻게 공격할지 실로 두렵구나.

1차 공격의 실패로 마루켈루스의 기세도 한풀 꺾여 있었다.

신하 : 제게 아주 좋은 방법이 있습니다. 며칠 후면 그 섬에 축제가 있다고 합니다. 그들도 우리가 섬에서 많이 떨어져 있으므로 마음을 놓고 즐길 것입니다. 경계가 허술한 틈을 타 침투하는 게 어떻겠습니까?

마루켈루스 : 옳거니, 그거 좋은 방법이다. 그러면 침투 준비를 하게 하여라. 그 대신 전사들에게 전하라. 아르키메데스는 반드시 생포해야 한다고 말이다. 그는 죽이기에는 너무도 아까운 인물이다.

며칠 후 시라쿠사 섬에서는 축제가 열렸고 밤을 기하여 로마 군사들은 쉽게 침투할 수 있었다. 시라쿠사 섬의 축제는 피로 물들었다. 그런 와중에 한 노인이 자기 집 앞마당에 원을 그려 놓고 무언가를 골똘히 생각하고 있었는데 그때 로마 병사가 그 원을 밟고 가려 하자 노인은 크게 화를 내었다.

노인 : 아니 어찌 신성한 원을 밟고 가려 하느냐? 그 원을 밟지 말아라.

병사 : 무엇이라? 아니 무례하게 로마 병사에게 큰 소리를 치다니, 내 창

을 받아라.

그 노인은 로마 병사의 창에 맞아 쓰러지고 말았다. 아르키메데스의 최후는 이렇게 처참했다. 창에 맞아 죽은 노인이 바로 아르키메데스였던 것이다.

죽음 앞에서도 수학을 연구했던 아르키메데스의 연구 분야는 원과 포물선, 구, 원기둥 등 대체로 둥근 도형에 관한 것들이다.

아르키메데스를 생각할 때 살펴보아야 하는 것은 도형을 연구했던 방법이다. 먼저 아르키메데스가 원주율을 어떤 방법으로 구했는지 살펴볼까?

지름이 1인 원을 그려 놓고 원의 안과 밖에 각각 정육각형을 그려 놓는다. 그리고 난 다음에 점점 더 정다각형의 변의 수를 늘려나가면 원 안의 정다각형의 둘레와 밖의 정다각형의 둘레는 원주를 사이게 끼고 서로 가까워진다는 것을 알 수 있다. 다시 말해 원주율에 가까워지는 것이다.

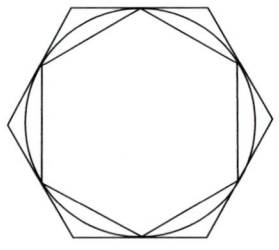

이렇게 계속하여 정다각형의 안과 밖의 둘레의 길이를 재보면 점점 3.14에 가까워지고 이것은 원주율이 3.14에 가까워진다는 것을 말한다.

이것이 아르키메데스가 원주율을 계산했던 방법이다. 이 같은 방법은 원주율을 소수 둘째 자리까지 맞힌 최초의 연구였다.

자, 이제 이해가 되었는지? 아르키메데스는 이런 식으로 잘게 나누고 때로는 다시 합쳐 도형의 면적과 부피를 구하였다. 이 같은 방법은 후에 미적분학의 기초가 되는 중요한 원리다. 이 방법은 원의 넓이를 구하는 데도 사용되는데 원의 넓이를 최초로 구하는 데 성공한 사람은 기원전 430년경의 안티폰이라는 사람이었다.

그는 원 안에 내접하는 정사각형을 그리고, 다시 정8각형, 정32각형, 정64각형, 정128각형 이렇게 계속 그려나갔다. 이렇게 계속하다 보면 결국 정다각형의 넓이는 원의 넓이와 일치하게 된다.

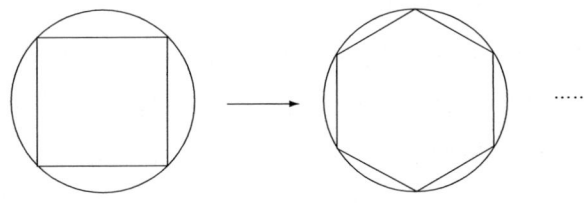

아르키메데스는 이 방법을 원뿐만이 아니라 포물선이나 나선으로 둘러싸여 있는 도형의 면적을 구하는 데도 사용하였다. 이렇게 잘게 나누고 다시 합치는 방법은 그 이외에도 구의 겉면적, 구의 부피, 원기둥, 원뿔, 포물면체, 쌍곡면체, 타원체 등의 부피를 구하는 데도 응용했다.

아르키메데스의 이러한 방법이 높이 평가를 받는 것은 미적분학의 원리를 2000년이나 앞서 사용하였다는 데 있을 뿐만이 아니라 그 당시 엄격했던 수학의 발상을 보다 자유로운 사고로 전환했다는 데서도 찾아볼 수가 있다.

그 시대에는 도형을 연구할 때 자와 컴퍼스만으로 도형을 작도해야 한다는 등의 엄격한 규율에 싸여 있었다. 그러나 아르키메데스는 이 같은 규율에서 벗어나 보다 자유로운 사고로 도형을 연구했다.

마지막으로 아르키메데스의 묘비에 새겨진 도형에 대하여 잠깐 살펴보고 이 장을 마치도록 하겠다.

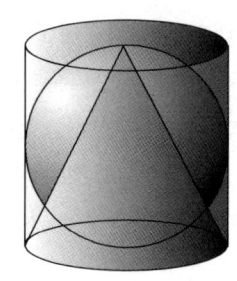

구와 그 구에 꼭 들어가는 원기둥, 그 원기둥에 꼭 들어가는 원뿔이 아르키메데스의 묘비에 그려져 있다.

이 세 도형의 부피 관계를 보면 구의 부피는 원기둥의 $\frac{2}{3}$와 같고 원뿔의 부피는 원기둥의 부피의 $\frac{1}{3}$과 같다. 이것은 여러분이 실험해 보아도 쉽게 알 수가 있는데 다음과 같이 원기둥에 물을 가득 채워 넣고, 그 속에 지름의 길이가 원기둥의 밑면의 지름과 같은 구를 넣고 물이 넘쳐 나온 다음에 구를 그릇에서 꺼내면, 원기둥에는 본래의 물의 높이에서 $\frac{2}{3}$가 줄어든 것을 알 수가 있다. 원뿔도 마찬가지로 실험을 해 보면 된다.

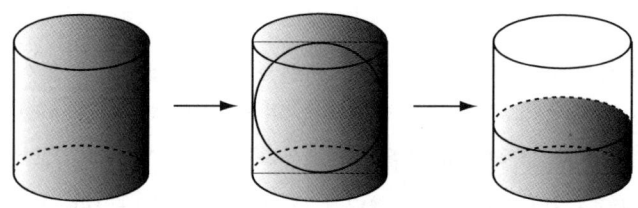

원기둥의 부피는 밑면을 높이만큼 쌓아 올린 것이므로 밑넓이×높이가 되고 원뿔은 여기에 $\frac{1}{3}$, 구는 $\frac{2}{3}$를 곱하면 각각의 부피를 구하는 공

식을 얻을 수 있다.

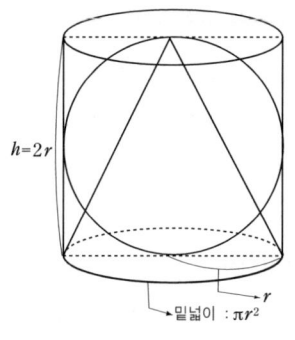

원기둥의 부피＝밑넓이×높이＝$\pi r^2 \times h = \pi r^2 h$

원뿔의 부피＝$\frac{1}{3}$×원기둥의 부피＝$\frac{1}{3}\pi r^2 h$

구의 부피＝$\frac{2}{3}$×원기둥의 부피＝$\frac{2}{3}\times 2\pi r^3$

$$= \frac{4}{3}\pi r^3$$

중요한 것은 이 그림에서 원뿔과 구의 부피를 합하면 원기둥의 부피가 된다는 것이다. 여기서 아르키메데스의 방법이 유용하게 쓰이게 되는데 그는 원뿔과 구를 평행하게 자른 다음 그 단면의 넓이를 합하면 그 수치는 항상 원기둥의 단면적과 같다는 것으로 이 사실을 알게 되었다.

다음과 같이 밑넓이, 높이, 반지름이 같은 구 그리고 원뿔(묘비의 그림에서 약간 변형했지만 그 부피는 같다.), 원기둥을 놓고 똑같은 높이에서 도형을 잘라 보면 원뿔과 원기둥을 잘라 낸 넓이를 합하면 원기둥을 잘라 낸 넓이와 같다.

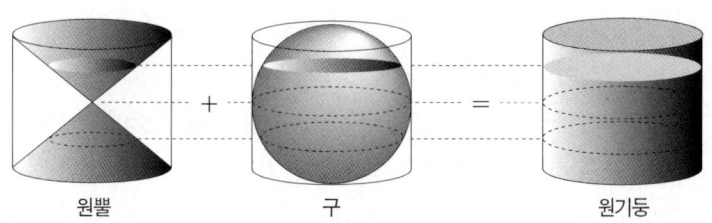

원뿔   구   원기둥

이 같은 사실로 그는 구의 부피는 '원기둥 부피−원뿔의 부피'가 된다는 사실을 알아낼 수가 있었고 아울러 구의 부피를 구하는 공식도 알아낼 수 있었다.

아르키메데스는 이와 같이 구와 원기둥, 원뿔의 관계에 매료되어 자신이 죽은 다음에 묘비에 앞에서 보았던 도형을 새겨주도록 유언하였던 것이다.

■ 인물 : 아르키메데스(기원전 287?∼기원전 212)

아르키메데스는 기원전 287년께 이탈리아 반도 건너편에 있는 시칠리아의 시라쿠사 섬에서 천문학자인 페이디아스의 아들로 태어났으며, 헤론 왕과 같은 혈통이었다고 한다. 그는 이집트로 유학을 떠나 알렉산드리아 대학에서 공부했고 고향에 돌아와서도 평생 교육과 연구에 전념했다.

그때 시라쿠사의 헤론 왕은 아르키메데스를 총애하여 여러 가지 연구를 적극적으로 도와 주었다. 아르키메데스의 일화 가운데 유명한 것은 헤론 왕의 왕관에 얽힌 이야기다.

헤론 왕은 대장장이에게 순금으로 된 왕관을 만들게 하였는데 이 왕관이 순금이 아니라는 소문이 나돌았다. 그래서 왕은 아르키메데스에게 진실을 확인하게 하였다. 아르키메데스는 여러 날을 고민했지만 감정을 해낼 수가 없었다. 왜냐하면 쪼개어 연구를 할 수도 없었고 자칫 잘못하여 왕관에 흠집이라도 생기면 큰일이니까.

그러던 어느 날 아르키메데스는 목욕을 하기 위해 욕조에 들어갔는데 물 속에서 몸이 가벼워지는 것을 느끼게 되었다. 이 아주 사소한 일에서 아르키메데스는 '액체나 기체 속에 있는 물체는 그 물체가 밀어낸 액체나 기체의 무게만큼의 부력을 받는다'는 원리를 발견했던 것이다.

해결 방법을 알아낸 아르키메데스는 너무 기쁜 나머지 옷도 입지 않은 채 "유레카(알았다)! 유레카(알았다)!" 하고 외치며 밖으로 달려나갔다고 한다. 그리고는 왕관에 은이 섞여 있다는 사실을 밝혀냈다. 물론 왕관에 아무런 흠집도 내지 않고 말이다.

또한 아르키메데스는 커다란 배를 활차(도르래)를 이용하여 혼자 힘으로 움직이기도 해 사람들을 놀라게 했고, 이 원리에 자신감을 가져 "지구를 충분히 들어올릴 만한 긴 막대기와 지탱할 곳을 나에게 달라, 그러면 지구도 움직일 수 있다"는 말을 남기기도 했다.

그뿐인가? 로마군의 시라쿠사 섬 1차 공격 때 아르키메데스는 투석기 등 여러 가지 무기를 발명하여 로마군의 진격을 막았다. 그래서 로마 장군 마루켈루스는 그를 100개의 눈을 가진 거인 '브리아레오스'라고 말할 정도로 두려워했다고 한다.

아르키메데스가 수학사에 남긴 업적은 원과 구 등 대부분 둥근 도형에 관한 것들이었다. 원주율 계산, 원의 면적, 구의 표면적, 구의 체적에 관한 연구 등이 바로 그의 대표적인 업적들이다.

역사상 가장 위대한 수학자 세 사람을 말해 보라고 한다면 많은 이들이 주저 없이 뉴턴, 가우스와 함께 아르키메데스를 꼽는다. 그만큼 그가 이룩해 놓은 업적은 실로 놀라운 것이었다.

■참고 1 : 지구의 둘레를 맨 처음으로 계산한 에라토스테네스

지구의 둘레를 맨 처음으로 계산한 사람은 누구일까? 지구의 둘레를 맨 처음 계산한 사람은 알렉산드리아 대학의 도서관장을 지낸 에라토스테네스로 알려져 있다. 에라토스테네스도 헬레니즘 시대에 활약했던 대표적인 수학자 중 한 사람이다. 에라토스테네스는 소수를 찾는 방법인 '에라토스테네스의 체'로 유명한 사람인데 그는 기원전 275년부터 기원전

194년까지 살았다.

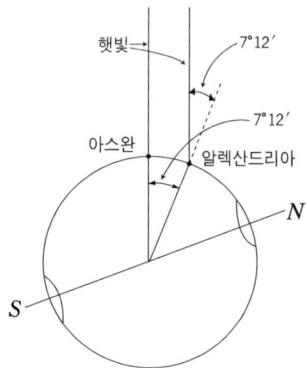

그럼 이제부터 그가 어떻게 지구의 크기를 측정하였는지 알아보자.

그는 나일 강 제1폭포 근처 아스완 부근에 1년 중 어떤 날 정오에는 햇빛이 반사되어 되돌아 나오는 깊은 우물이 있는 것을 알고 있었다. 그 시각이 되면 태양이 그 우물 바로 위에 있어서 그곳에는 그림자가 전혀 생기지 않았던 것이다. 같은 시각에 그곳으로부터 북쪽 약 804km 거리에 있는 알렉산드리아 시에서 에라토스테네스는 높이를 알고 있는 수직으로 세운 장대의 그림자 길이를 측정하여 태양 광선과 장대가 이루는 각이 7° 12′임을 알았다.

그런데 여러분은 위의 그림을 보고 한 가지 의문을 가질 것이다. 태양 광선과 장대가 이루는 각이 7° 12′임을 어떻게 알았을까 하는 것인데. 에라토스테네스는 다음의 세 가지 성질을 이용하여 그 원리를 발견했다고 한다. 그 세 가지 성질이란 '태양 광선은 평행하다', '그 시각 태양과 아스완의 우물을 지나는 직선은 지구의 중심을 지난다', '한 직선이 평행선과 만나서 생기는 동위각은 모두 같다'는 것이다.

앞의 사실로부터 에라토스테네스는 약 804km 거리에 있는 아스완과 알렉산드리아 시는 거대한 지구의 동일 원주 위에 있으며 그 중심각이 7°12′임을 알아낸 것이다.

자, 그러면 이제 지구의 둘레를 계산해 볼 때가 된 것 같다. 지구의 둘레는 360°로 앞에서 에라토스테네스가 잰 중심각 7°12′의 50배다. 그러니까 아스완에서 알렉산드리아까지의 거리 804km에 50배를 하면 그것이 지구의 둘레가 되는 것이다.

804×50=40,200(km)

답은 40,200km이다. 이 측정값은 현재에 잰 수치, 즉 약 40,000km와 상당히 가까운 값이므로 그는 실로 놀라운 계산을 해냈다고 할 수 있다.

■ 참고 2 : 아폴로니우스의 원뿔곡선

아르키메데스가 살았던 시대에는 뛰어난 수학자들이 많았다. 에라토스테네스, 아폴로니우스, 메나모스 등이 그들이었다. 그들은 자와 컴퍼스만으로 그릴 수 있는 직선과 원, 원뿔 등에 대한 많은 연구를 하였다. 특히 아폴로니우스(기원전 262~기원전 190)가 연구한 원뿔에 대한 연구는 유클리드의 공리, 아르키메데스의 착출법과 함께 헬레니즘 시대의 3대 고전적 업적이라고 할 수 있을 만큼 대단한 것이다.

원뿔이 그 시대 사람들에게 많은 연구의 대상이 되었던 것은 원뿔 속에 타원, 포물선, 쌍곡선이 포함되어 있기 때문이었다. 처음으로 원뿔곡선의 엄밀한 정의를 내린 사람은 플라톤의 친구였던 유독소스의 제자

메나이크모스(기원전 375~기원전 325)였다.

그는 직원뿔을 한 모선에 수직인 평면으로 잘랐을 때의 단면을 생각하여, 직원뿔의 꼭지각이 직각보다 작을 때(예각)의 단면에 나타나는 곡선은 타원, 꼭지각이 직각일 때 포물선, 꼭지각이 직각보다 클 때(둔각) 쌍곡선이 됨을 알아냈다.

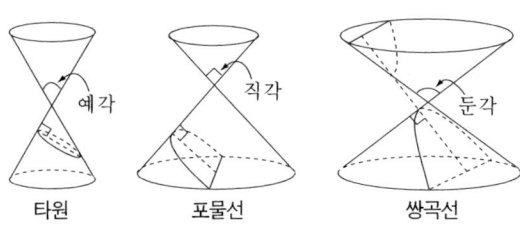

예각　　　직각　　　둔각

타원　　　포물선　　　쌍곡선

이를 바탕으로 유클리드와 거의 동시대에 살았던 아폴로니우스는 원뿔곡선에 대한 내용을 더욱 체계화시켰다. 그는 총 8권의 책으로 엮은 『원뿔곡선론』에서 원뿔곡선의 정의와 축, 초점, 접선, 점근선 등에 대하여 설명하였다.

그는 메나이크모스가 세 개의 원뿔을 자른다고 생각했던 것에서 발전하여 하나의 원뿔을 기울기가 다른 평면으로 자르는 방법을 생각해 내었다.

1. 밑면에 나란한 평면으로 자를 때는 원
2. 비스듬한 평면으로 자를 때는 타원
3. 더 기울여서 모선에 평행하게 자를 때는 포물선
4. 꼭지를 맞댄 두 개의 원뿔을 밑면에 수직으로 자를 때 나오는 두 개의 곡선은 쌍곡선

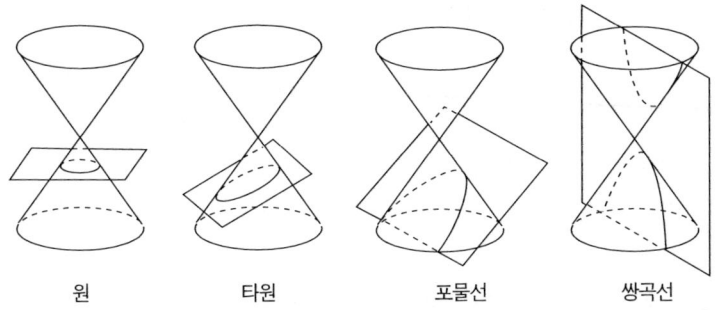

| 원 | 타원 | 포물선 | 쌍곡선 |

　이를 바탕으로 타원의 정의를 주어진 두 점으로부터의 거리의 합이 일정한 점들의 자취로, 또 쌍곡선의 정의를 그 차가 일정한 점들의 자취로 생각했다.

　그가 연구한 원뿔곡선에 대한 내용은 17세기까지 크게 주목을 받지 못하다가 해석기하학의 발견, 케플러의 화성의 궤도를 찾을 때 타원을 이용한 것 등, 타원과 포물선 그리고 쌍곡선에 대한 연구가 활발히 이루어지자 다시 주목을 받게 되었다. 특히 원뿔곡선은 파스칼에 의하여 다시 연구되었고 사영기하학의 토대가 되는 계기가 되기도 한다.

5. 데카르트의 해석기하학

오늘은 도형의 가족들이 모이는 날이다. 직선, 포물선, 원, 쌍곡선 등 많은 도형들이 모여들고 있었다. 그런데 오늘 모임에 좀 이상한 놈이 하나 있는 게 아니겠는가? $y=x$라는 놈이다. 모인 도형들이 술렁거리기 시작한 것은 당연한 일이었다.

직선 : 야, 넌 뭐냐? 왜 방정식이 도형의 모임에 와 있는 거야. 빨리 가.

$y=x$: 나는 직선을 나타내는 방정식이야.

직선 : 뭐, 네가 직선을 나타낸다고? 이거 정말 웃기는군. 직선은 난데 네가 어떻게 나를 나타낸다는 거야?

$y=x$: 그건 모르는 소리, 너도 나처럼 될 수 있어.

직선 : 뭐, 내가 어떻게 네가 된다는 거야.

$y=x$: 그러면 너를 나같이 만들어 볼까? 그러기 위해서는 좌표평면이라는 새로운 친구가 필요한데, 어 마침 저기 오는군.

그때 어디에선가 좌표평면이 나타났다.

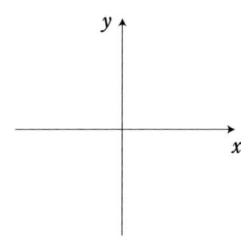

$y=x$: 자 그러면 이 좌표평면 위에 나 $y=x$를 표시해 볼까?

직선 : 어떻게 표시하지?

$y=x$: 이런 이런, 학교에서 무엇을 배웠을까? x축의 1에 y축의 1, x축의

2에 y축의 2, 이런 식으로 대응하고 있잖아. 이 대응하는 점들을 선으로 이어 보면 되지 않겠어?

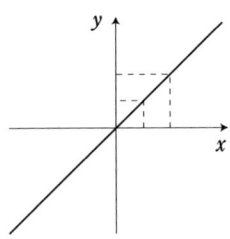

직선 : 어, 그러니까 직선이 만들어지는데.

$y=x$: 봐, 직선인 너는 나 $y=x$로 표시할 수 있지. 네가 좌표평면 위에 있다면 말이지.

직선 : 헤헤. 그런데 무언가 잘못 보았어, 네가 좌표평면 위에 이렇게 서 있을 수도 있잖아, 원점을 지나지 않고 말이야. 그리고 이렇게 서 있을 수도 있지. 서 있는 기울기가 다르게 말이지.

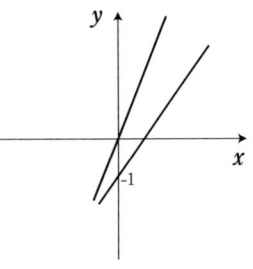

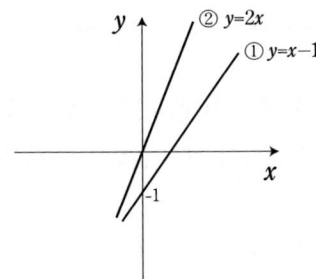

$y=x$: 그것도 문제없어. ①번의 경우는 나 $y=x$가 y축으로 -1만큼 내려와 있으니까 $y=x-1$로 나타내고 ②번의 경우는 기울기가 2가 되니까 $y=2x$로 나타내면 돼.

직선 : 그렇다면 내가 좌표평면 위에 올라가 있다면 내가 어떻게 놓여
　　　 있든 지 너와 같은 방정식으로 만들 수 있다는 거지?

$y=x$: 그렇지. 정확히 말해 $y=ax+b$의 꼴로 만들 수 있다는 거야. 직
　　　 선뿐만이 아니라 원, 포물선, 타원 등도 나와 같이 방정식 꼴로
　　　 만들 수 있어. 다음과 같이 말이야.

기하학적 도형	좌표와 그래프	대수적 방정식
		$y=ax+b$
		$x^2+y^2=r^2$
		$y=ax^2$
		$\dfrac{x^2}{a^2}+\dfrac{y^2}{b^2}=1$

직선 : 그런데 왜 귀찮게 내가 너처럼 되어야 하는 건데? 나는 너와 친구
　　　 가 되기 싫거든. 나 직선이 너처럼 방정식이 되지 않더라도 사는
　　　 데 아무런 지장이 없단 말이지.

$y=x$: 그건 모르는 소리야. 네가 있는 원래의 위치에서 몇 발자국을 옆

으로 걸어가 봐.

그러자 직선은 옆으로 세 발자국 걸어갔다.

$y=x$: 그리고 난 뒤 너의 위치는?

직선 : 그게 무슨 소리야. 그냥 아까 위치에서 한 세 발짝 걸어왔을까, 거리로는 1m쯤 더 온 것 같은데.

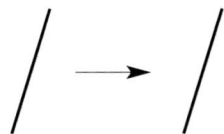

$y=x$: 으그, 한심한지고. 처음의 위치에 있을 때는 나와 같은 $y=x$라는 방정식이 되고, 세 발자국 옆으로 갔을 때는 $y=x-3$이라는 방정식이 만들어지잖아.

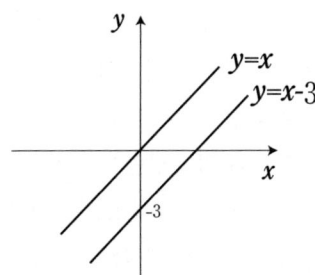

직선 : 그게 어떻다는 거야.

$y=x$: 봐라. 네가 이렇게 변화해 가는 것을 방정식으로 만들면 보다 정확하고 쉽게 나타낼 수 있지 않니. 그러니까 직선 자체만을 연구하는 것보다야 직선의 변화를 연구하는 데 많은 도움을 받을 수

있지.

직선 : 알았어요, 알았어. 그래 너도 우리들 친구야 친구. 그러면 친구
　　　된 기념으로 뭐 한 가지 물어 봐도 돼?

$y=x$: 그래.

직선 : 친구야. 바다에서 거북이하고 아시아의 물개 조오련 선수하고 경
　　　주하면 누가 이기겠냐?

$y=x$: 하와이나 가라.

도형을 방정식으로 또는 방정식을 도형으로 나타낼 수 있다는 발상은
아주 단순한 것 같지만 매우 획기적인 것이다. 이렇게 수를 연구하는 대
수학과 도형을 연구하는 기하학을 하나로 묶는 새로운 기하학이 탄생하
게 되는데 이를 해석기하학이라고 한다. 이 해석기하학의 성과는 데카
르트가 거두었다.

　해석기하학의 출현으로 유클리드 기하학에서 보아 왔던 도형을 도형
그 자체를 놓고 보았던 정적인 수학에서 도형의 변화를 명확하게 나타낼
수 있는 동적인 수학의 터전이 마련된다. 데카르트가 해석기하학을 연구
할 수 있었던 것은 무엇보다 좌표평면이 발견되었기 때문에 가능했다.

　해석기하학의 역사는 그리스 시대로 거슬러 올라간다. 그리스 사람들
은 x, y, l과 같은 문자는 선분의 길이를 나타내는 것이라고 여겼다. 여
러분은 정사각형의 한 변의 길이가 x라 하면 그 넓이는 x^2이 된다는 것
을 알고 있다. 그렇다면 한 변의 길이를 x라 하고 그 넓이를 y라고 하면
$y=x^2$이라는 관계식이 성립한다. 그러나 그리스 사람들에게 $y=x^2$의 관
계식은 무의미한 것이었다. 왜냐하면 x, y, l은 선분의 길이, 즉 직선을
나타내고 있으므로 $y=x^2$에서 우변 y는 직선 그리고 좌변 x^2은 넓이를

나타내는 것이기 때문에 직선=넓이라는 등식이 성립하는 모순이 생긴다. 그리스 인들에게는 정사각형을 $y=x^2$과 같은 대수적 방정식으로 만드는 것은 무의미했다.

그 후 페르마도 기하학적 도형들을 대수적인 방정식으로 표현하기는 했지만 그도 그리스 인들이 생각했던 한계를 벗어나지는 못했다. 그는 ab는 a와 b를 두 변으로 가지는 직사각형의 면적을, abc는 a, b, c를 한 꼭지점에 모이는 세 모서리로 가지는 직육면체의 부피을 나타내는 것으로 생각했다. 그렇다면 $bx+ay=abc$라는 식은 성립하는가? 그렇지 않다. 왜냐하면 $bx+ay=abc$의 좌변은 면적을 우변은 부피를 나타내기 때문이다.

왜 이와 같은 오류가 발생하는 것일까? 그것은 간단하다. 왜냐하면 x, y, a, b를 선분의 길이, 즉 직선으로만 생각하고 있기 때문이다. 이들을 단순히 수치로 생각한다면 상황은 많이 달라진다. 다시 말해, 직선과 직선을 곱하면 넓이가 되는 것이 아니라 단지 길이를 나타낸다고 생각하면 말이다. 이것이 데카르트의 방법이었다. 물론 이러한 발상은 좌표평면이 발견되면서 보다 이해하기 쉽게 되었다. 앞에서 $y=x^2$의 방정식은 직선이나 넓이 등을 나타내는 것이 아니라 포물선의 방정식이다. $y=x^2$의 관계를 좌표평면 위에 올려놓으면 좌표평면 위에 포물선이 그려지기 때문이다.

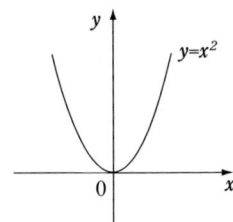

■인물 : 데카르트(1596~1650)

좌표평면을 발견한 르네 데카르트는 1596년 프랑스의 소귀족 집안에서 태어났다. 그는 태어날 때부터 몸이 허약하였다. 그래서 그의 부모님은 학교도 다른 아이들보다 늦게 보냈다. 하지만 어릴 때부터 학문에 대한 열의는 대단했다. 부친은 브레타뉴의 법관 귀족의 상담역으로 있었으며, 후년 데카르트가 경제적으로 자립할 수 있도록 상당한 재산을 유산으로 남겨 주었다.

데카르트는 열 살 때 플레쉬에 있는 예수회 학교에 들어가게 되는데 그 학교 교장 선생님은 그를 귀엽게 여겨 아침 늦게까지 침대에 마음껏 누워 있어도 된다는 허락을 해주었다. 그것은 몸이 약한 데카르트를 위한 특별한 배려였다. 그리하여 데카르트는 아침에 늦게까지 침대에 누워 있는 버릇이 생기게 되었다. 이러한 버릇은 데카르트가 철학자로서 또는 위대한 수학자로서 명성을 날리게 된 하나의 원동력이 된다. 왜냐하면 그 시간에 데카르트는 명상을 즐겼고 이 명상의 시간은 중요한 발견을 이루어내는 데 소중한 역할을 했기 때문이다. 앞에서 살펴보았던 좌표평면도 아침 명상 시간에 발견한 것이다. 훗날 그는 아침의 명상이 그의 철학과 수학의 기본이 되었다고 회고했을 정도였으니 말이다.

8년 동안 학교에 다니면서 데카르트는 논리학, 윤리학, 물리학과 형이상학, 유클리드의 기하학과 새로운 대수학 등을 배웠으며 샤를레와 메르센느(1588~1648) 등의 좋은 친구들을 사귀게 되었다. 학교를 졸업하고 파리로 가 수학 연구에 전념했고, 1617년 군에 입대하게 된다. 그가 군에 입대한 것은 그를 귀찮게 하는 친구들의 손아귀에서 벗어나 평온을 찾고자 했던 것이 이유였다. 군 생활을 마치자마자 독일, 덴마크, 네덜란드, 스위스, 이탈리아를 여행하면서 4, 5년을 보냈으며 1629년부터 20년 동안 네덜란드에 머물면서 수학과 철학 등의 많은 연구를 했다.

1649년에는 스웨덴의 여왕 크리스티나의 초대를 받아 스웨덴으로 가 여왕의 가정 교사가 되는데, 이 일은 데카르트에게 커다란 불행을 안겨 다 준다. 왜냐하면 19세인 여왕은 새벽 5시가 철학 공부하기에 가장 좋은 시간이라고 생각하여 데카르트를 침대에서 일어나도록 만들었기 때문이다. 데카르트는 몇 개월 후 폐렴에 걸려 1650년 초에 스웨덴의 스톡홀름에서 세상을 떠났고 그곳에 묻히게 된다.

조국 프랑스는 데카르트의 유품을 프랑스로 옮기려고 했으나 실패하였고 데카르트가 죽은 뒤 17년 후에야 오른손 뼈를 제외한 유골을 프랑스로 옮겨와 지금의 판테온에 안장하였다. 오른손 뼈는 당시 유골의 수송을 맡았던 프랑스 재무장관이 기념품으로 보관하고 있다.

데카르트는 철학자로 유명하다. "나는 생각한다. 고로 존재한다"는

말은 그의 합리적 회의주의를 대표하는 말이다. 하지만 수학적인 측면에서도 그는 빼놓을 수 없는 업적을 남긴 사람이다. 앞에서도 살펴보았던 좌표평면을 발견하였기 때문이다. 좌표평면의 발견은 수학에 커다란 전기를 마련한 사건이었다. 왜냐하면 그때까지 따로 연구되었던 기하와 대수를 한데로 묶는 학문(해석기하학)이 탄생하는 계기가 마련되었기 때문이다. 이것이 데카르트를 근대 수학의 아버지라고 부르는 이유다.

6. 오일러의 기하학

18세기 옛 프러시아의 쾨니히스베르크라는 도시에 프레겔 강이 있었는데 이 강 가운데에 있는 작은 섬에는 다음과 같이 일곱 개의 다리가 놓여 있었다.

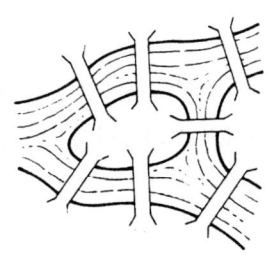

시민들은 '같은 다리를 두 번 이상 지나지 않고, 이들 일곱 개의 다리를 꼭 한 번씩 모두 건널 수 있을까'라는 문제를 놓고 이런저런 궁리를 해 보았다. 그러나 어느 누구도 이 문제를 푸는 사람이 없었다. 그런데 그 당시 수학자 오일러는 이 문제를 한번에 맞추었다고 하는데…….

타임머신을 타고 이곳에 왔던 저·8·계도 이 문제를 풀지 못하다가 오일러가 이 문제를 풀었다는 소식을 듣고 급히 그를 찾아간다.

저·8·계 : 아저씨, 아저씨가 이 문제를 풀었어요? 정말 대단한데요. 이 일곱 개의 다리를 한 번씩만 지나서 다리를 건널 수 있는 건가요?

오일러 : 허허, 성질도 급하기는. 결론부터 말하자면 그건 불가능하지.

저·8·계 : 그것을 어떻게 알 수가 있지요?

오일러 : 한붓그리기를 생각해 보면 쉽게 알 수가 있단다.

저·8·계 : 한붓그리기가 뭔데요?

오일러 : 한붓그리기란 도형의 한 꼭지점에서 출발하여 연필을 떼지 않고 한 번에 그릴 수 있는 것을 말하지. 그런데 한붓그리기에는 규칙이 있단다. 첫째, 그리기 시작하여 끝날 때까지 연필을 종이에서 떼면 안 된다는 것, 둘째, 같은 선 위를 두 번 지나도 안 되고 셋째, 선이 교차한 점은 몇 번 지나도 된다는 거야.

저·8·계 : 저는 머리가 둔해서 그런지 무슨 말씀을 하시는 건지 잘 모르겠는데요?

오일러 : 그러면 어떤 도형이 한붓그리기가 되는지 직접 알아볼까? 다음의 도형은 한붓그리기가 가능할까? 다시 말해 연필을 한 번도 떼지 않고 도형을 그려낼 수가 있느냐 하는 거야.

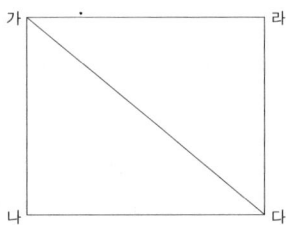

저·8·계 : 한붓그리기가 가능하네요? 다음과 같이 그리면 되니까요.

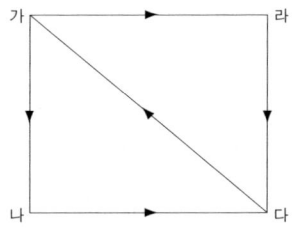

오일러 : 잘 맞추었다. 위의 도형은 가 또는 다에서 시작하면 연필을 떼
지 않고 도형을 그려낼 수가 있지. 그럼 다음의 도형은 어떠냐?

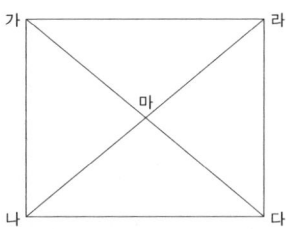

저·8·계 : 이 도형은 연필을 떼지 않고 도형을 그려낼 수가 없는데요.

오일러 : 그래, 이 도형은 한붓그리기가 되지 않아.

저·8·계 : 그러면 어떤 도형은 한붓그리기가 되고 어떤 도형은 한붓그
리기가 안 되는 건가요?

오일러 : 좋은 질문이다. 여기에는 규칙이 있단다. 다시 말해 한붓그리기
가 되기 위해서는 몇 가지 규칙이 있어야 한다는 거야.

저·8·계 : 그게 뭔데요?

오일러 : 그 규칙이란 어떠한 도형이 있을 때 점에 모이는 선의 수가 짝
수인가, 홀수인가를 알아보는 거지.

저·8·계 : 잘 이해가 되지 않는데요.

오일러 : 먼저 한붓그리기를 할 수 있는 도형은 홀수의 점이 전혀 없거나
있어도 두 개 있어야 한단다.

저·8·계 : 우와, 머리 무지하게 아프셔.

오일러 : 짜증내지 말고 잘 들어 보아라. 다음의 도형은 앞에서 한붓그리
기가 된다고 했지. 홀수의 점이 몇 개가 있느냐?

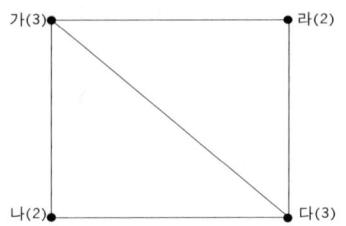

저·8·계 : 가 점과 다 점 이렇게 두 개가 있네요.

오일러 : 잘 맞추었다. 그러니까 한붓그리기가 된다는 거야. 왜냐하면 한
붓그리기가 되기 위해서는 홀수의 점이 전혀 없거나 두 개가 있
어야 한다고 했지.

저·8·계 : 아, 정말 그러네.

오일러 : 더 자세히 알아보기 위해서는 홀수의 점이 두 개인 도형은 한
홀수점을 출발점으로, 다른 홀수점을 종점으로 하면 한붓그리
기가 되지. 예를 들면 앞의 도형에서 홀수의 점은 가와 다가 있
다고 했지.

저·8·계 : 네.

오일러 : 그러면 홀수의 점 가에서 출발하면 점 다가 종점이 되고 점 다
에서 출발하면 점 가가 종점이 된다는 거야.

저·8·계 : (도화지에 직접 그려 본 후)그렇구나.

오일러 : 그러면 다음의 도형은 홀수점이 몇 개가 있느냐?

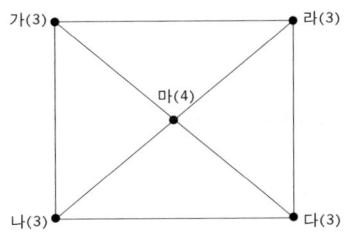

저·8·계 : 홀수점이 네 개가 있네요.

오일러 : 그렇지. 홀수점이 네 개니까 한붓그리기가 되지 않는 거야.

저·8·계 : 아, 이제 알았다. 한붓그리기를 할 수 있는 도형은 홀수점이 없거나 홀수점이 두 개 있어야 하는데 이 도형은 홀수점이 네 개가 있으니까 한붓그리기가 안 된다는 거구만요?

오일러 : 그렇지. 그러면 앞의 쾨니히스베르크의 다리를 생각해 보자꾸나. 쾨니히스베르크의 다리를 다음과 같이 변형시켜 놓은 도형은 한붓그리기가 될까?

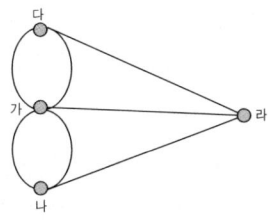

저·8·계 : 점 가는 다섯 개의 선이 모였으니까 홀수점, 점 나, 다, 라도 각각 세 개의 선이 모여 있으므로 모두 홀수점, 그러니까 네 개의 홀수점이 있으므로 한붓그리기가 되지 않네요.

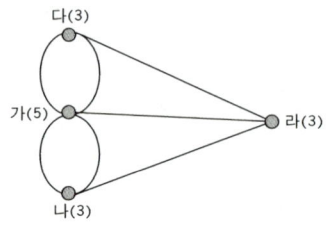

오일러 : 그래 그거야. 그렇다면 쾨니히스베르크의 일곱 개 다리를 한 번
    씩만 지나 모두 건널 수가 있겠니?

저·8·계 : 당연히 없죠. 왜냐하면 한붓그리기가 되지 않기 때문이에요.

앞의 한붓그리기는 오일러가 수학적으로 연구하여 그 결과를 1763년에
러시아의 과학아카데미에 발표하면서 관심을 끌게 되었다. 물론 그가
쾨니히스베르크 다리를 가 보았는지는 알 수가 없지만 말이다.

 오일러는 순수기하학 분야보다는 미적분학의 체계를 다진 학자로 유
명하다. 하지만 그의 한붓그리기 연구나 오일러의 공식은 후에 위상기하
학의 연구에 중요한 기초가 되기 때문에 이 장에서 다루려고 한다. 한붓
그리기는 본문에서 충분히 설명을 했으므로 이번에는 오일러의 공식에
대한 내용을 살펴보자. 이 내용은 중학교 1학년 교과서에 있는 것이다.

 오일러의 공식이란 구와 연결 상태가 같은 다면체에서 꼭지점, 모서
리, 면의 수의 관계에 관한 것이다. 여기서 구와 연결 상태가 같은 다면
체라는 말이 귀에 낯설다. 이 말의 뜻부터 알아보아야 하겠지?

 정육면체의 표면을 부풀리면 점점 변형되어 구와 같은 모양으로 된
다. 물론 각기둥, 각뿔, 원기둥, 원뿔 등도 위와 같은 방법으로 구가 되
게 할 수 있다.

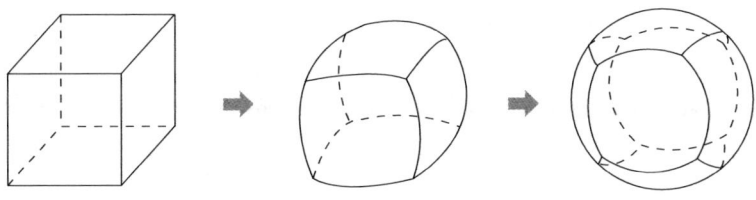

이처럼 이들 도형은 모두 구로 변형시킬 수 있으므로 구와 연결 상태가 같은 도형들이다. 그렇다면 구와 연결 상태가 같은 도형을 알아보기 전에 평면도형부터 알아보자.

평면도형의 꼭지점의 개수를 v, 변의 개수를 e, 면의 개수를 f라 하면 다음과 같은 관계가 성립한다.

$$v-e+f=1$$

이것은 평면도형을 관찰하면 쉽게 알 수가 있다.

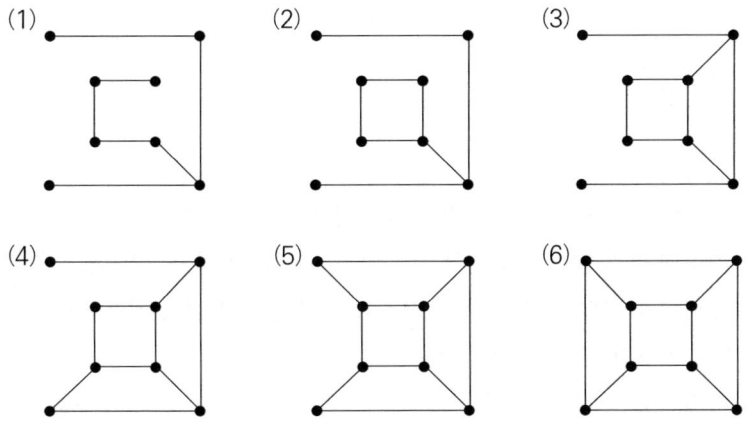

	(1)	(2)	(3)	(4)	(5)	(6)
v	8	8	8	8	8	8
e	7	8	9	10	11	12
f	0	1	2	3	4	5
$v-e+f$	1	1	1	1	1	1

또한 구와 연결 상태가 같은 다면체에서 꼭지점의 개수를 v, 모서리의 개수를 e, 면의 개수를 f라 하면 다음과 같은 관계가 성립한다.

$$v-e+f=2$$

이 공식이 오일러의 공식이다.

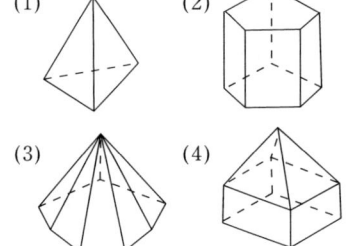

	(1)	(2)	(3)	(4)
v	4	10	8	9
e	6	15	14	16
f	4	7	8	9
$v-e+f$	2	2	2	2

증명은 간단하다. 예를 들면 직육면체가 있을 때 이 직육면체의 밑면을 잘라내고 그 옆면을 넓혀서 평면 위에 펼쳤다고 하자. 이렇게 변형시켜도 밑면을 제외한 면과 면, 모서리와 모서리, 꼭지점과 꼭지점의 연결 상태는 처음의 연결 상태와 같다.

이 평면도형에서 꼭지점의 개수를 v, 변의 개수를 e, 면의 개수를 p라 하면

$$v - e + p = 1 \quad \cdots\cdots\cdots\cdots\cdots ①$$

이 성립한다는 것을 알 수가 있다.

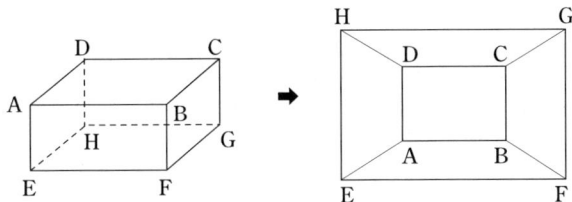

이 평면도형은 원래의 직육면체에서 꼭지점의 개수 v와 모서리의 개수 e는 변하지 않았다. 그러나 직육면체의 면의 개수를 f라 하면 평면도형의 면의 개수 p는 f보다 1이 더 적다 ($p = f - 1$). 왜냐하면 직육면체의 밑면을 잘라 평면도형을 만들었기 때문이다.

따라서 $p = f - 1$을 앞의 ①의 공식에 대입하면 $v - e + f = 2$라는 오일러의 공식이 탄생함을 알 수가 있다.

$$v - e + p = 1 \ \rightarrow \ v - e + f - 1 = 1 \ \rightarrow \ v - e + f = 2$$

물론 여러분이 다른 입체도형을 가지고 실험해 보아도 마찬가지 결과를 얻게 될 것이다. 그런데 구와 연결 상태가 같지 않은 도형도 오일러의 공식이 성립할까?

다음과 같이 내부가 뚫린 도형이 있다. 물론 이 도형은 구와 연결 상태가 같지 않다. 이 도형을 부풀리면 구가 되지 않고 도넛 모양이 만들어지기 때문이다.

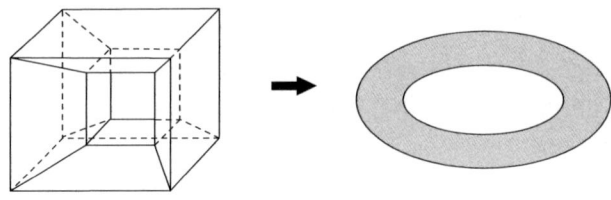

이 도형의 꼭지점의 개수 v는 16개, 모서리의 개수 e는 32개, 면의 수 f는 16개이다. 그렇다면 $v-e+f$의 값은 0이다.

$$v(16)-e(32)+f(16)=0$$

오일러의 공식이라면 $v-e+f$의 값이 2가 되어야 하는데 위의 도형은 그렇지가 않다. 다시 말해 구와 연결 상태가 같지 않은 도형은 오일러의 공식이 성립하지 않는다는 것을 알 수가 있다.

물론 이러한 원리는 오일러가 최초로 발견한 것은 아니었다. 데카르트는 볼록다면체의 꼭지점, 모서리, 면의 수 사이에 위와 같은 공식이 성립한다는 것을 발견하였는데 오일러가 이를 증명하였던 것이다. 그래서 공식의 명칭도 오일러의 이름이 들어가게 되었다.

그런데 여기서 주목할 것은 오일러의 공식은 다면체가 어떻게 생겼든 상관하지 않는다는 데 있다. 다시 말해 다면체의 크기나 모양에 상관없이 연결 상태가 구와 같은 도형이면 오일러의 공식이 성립하고 있다는 것이다. 앞의 한붓그리기에서도 마찬가지이다. 즉 쾨니히스베르크 다리를 보면 그 연결 상태가 중요한 것이지 그 모양은 중요한 것이 아니다. 이러한 오일러의 접근은 후에 위상기하학이 탄생하는 중요한 계기를 마련해 준다. 잠깐, 오늘날 쓰고 있는 삼각비에 대한 내용도 오일러의 연구 결과였다고 하는군.

■인물 : 오일러(1707~1783)

오일러가 28세이던 1735년, 그는 다른 수학자들이 몇 개월에 걸쳐 풀 문제를 단 3일 만에 풀었다. 그러나 문제를 푸는 데 지나치게 집중했기 때문에 오른쪽 눈의 시력을 잃어버리고 만다. 그 후 31년 뒤인 1766년 왼쪽 눈마저 시력을 잃어 오일러는 완전히 맹인이 되었다. 그렇지만 그는 학문 연구를 멈추지 않는다. 아니, 이전보다 더 많은 연구 논문을 발표했다.

수학자 오일러는 1707년 4월 15일 스위스의 바젤에서 태어났다. 그의 아버지는 목사였는데 자신 또한 뛰어난 수학자였기 때문에 오일러가 어렸을 때 직접 학문을 가르치기도 했으며 자신의 뒤를 잇게 하기 위해 바젤 대학에 입학시켜 신학과 철학을 배우도록 했다. 바젤 대학에는 당시 수학자로 명성이 높았던 다니엘 베르누이와 니콜라우스 베르누이 형제가 있었다. 그들과의 만남은 자연스럽게 수학 공부에 몰두할 수 있는 계기가 되었다.

대학을 졸업한 오일러는 베르누이 형제가 먼저 몸담고 있던 러시아의 아카데미에 초청되어 그곳에서 많은 연구 활동을 하였고, 33세 때인 1733년에는 수학부의 중요한 위치까지 오르게 된다. 또 이 기간 동안 결혼을 하여 자식을 13명이나 낳았으며 앞에서 말했듯 오른쪽 눈의 시력을 잃었다.

1741년 오일러는 프러시아 프리드리히 대왕의 부름으로 베를린 아카데미에 초청되어 20여 년 동안 그곳에서 연구 활동을 하였고, 1762년 다시 러시아로 와 연구 활동을 이어갔다.

1783년 76세였던 오일러는 천왕성 궤도의 계산 문제에 관하여 제자와 이야기하던 중 갑자기 졸도하여 세상을 떠났다. 그가 남긴 마지막 말은 "나는 죽는다"라는 한 마디였다고 한다.

오일러의 암기 능력은 탁월했다. 장님이 되고 난 뒤 17년 동안 왕성한 연구 활동을 할 수 있었던 것도 뛰어난 암기력 때문이었다. 청년 시절에 읽었던 책을 나이가 훨씬 들어서도 몇 쪽에 무엇이 씌어 있는지 완벽하게 알고 있었다고 하니 말이다. 당시까지 나와 있던 수학의 모든 공식을 머리 속에 정확히 기억한 것은 물론이었다.

오일러가 남긴 연구 논문의 양은 참으로 방대했다. 그렇기 때문에 오일러가 죽은 뒤 바로 전집이 간행되지는 못했다. 막대한 자금이 필요했기 때문이다. 오일러가 죽은 지 100년이 훨씬 지난 1909년에 이르러서야 스위스 정부는 전세계에서 기부금을 모아 오일러 전집 45권을 간행하였다.

7. 몽주의 화법기하학

몽주가 다니는 공병학교에서는 성의 축성에 대한 문제가 늘 주어졌다. 이것은 끝없는 산술적인 계산이 필요한 것이었다. 왜냐하면 진지의 어느 부분도 적의 공격에 노출되지 말아야 한다는 것 때문이었다. 그런데 이 학교 학생이었던 몽주는 아주 간단한 방법으로 이 문제에 대한 풀이를 제출했다. 이곳을 여행하고 있었던 저·8·계는 몽주의 이야기를 듣고 그를 직접 찾아가 보기로 한다.

저·8·계 : 몽주 아저씨, 아저씨가 성의 축성에 관한 내용들을 아주 간단한 방법으로 계산해냈다면서요. 그 방법 좀 가르쳐 주세요.

몽주 : 그거 공짜로는 안 되는데.

저·8·계 : 그래요, 그러면 내가 슈퍼보드 가져다 드릴게요.

몽주 : 슈퍼보드는 손·5·0이 주인 아니냐?

저·8·계 : 몰래 훔치면 되지요.

몽주 : 됐다, 됐어. 너한테는 특별히 그냥 가르쳐 주마. 원리는 아주
간단하다. 여기 보이는 것은 어느 도형을 정면에서 또는 측면에
서 그리고 위에서 본 그림을 하나의 도화지에 그려놓았지. 그러
면 이 그림을 보고 어떤 도형인지 알겠느냐?

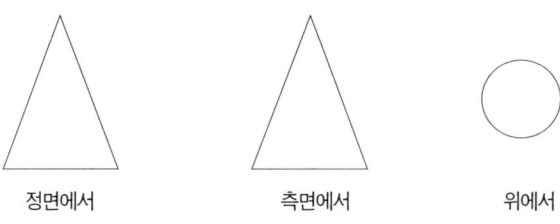

| 정면에서 | 측면에서 | 위에서 |

저·8·계 : 원뿔이요.

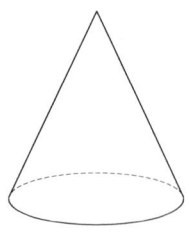

몽주 : 그래, 맞추었다. 이것이 내가 선택한 방법이지.

저·8·계 : 어, 그러니까 어떤 도형을 정면에서 본 그림, 측면에서 본 그
림 그리고 위에서 본 그림을 하나의 도화지에 그려내는 것이 아
저씨의 방법이에요?

몽주 : 그렇지.

저·8·계 : 너무 간단하네요.

몽주 : 내가 생각해도 너무 간단해. 이와 같은 방법으로 도형을 연구하
　　　는 것을 화법기하학이라고 하고 이는 투영도를 이용하는 방법이
　　　란다.

저·8·계 : 투영도가 뭐예요?

몽주 : 어떤 도형이 있다면 다음과 같은 공간에서 그 도형의 정면(입면
　　　도)에서 측면(측면도)에서, 그리고 위(평면도)에서 빛을 비추어
　　　보는 거야. 그러면 그 도형의 그림자가 생기겠지. 이 그림자를 도
　　　화지에 그리면 투영도가 만들어지는 거지.

저·8·계 : 그러면 아주 복잡한 도형도 입면도, 측면도 그리고 평면도만
　　　있으면 어느 도형인지 알 수가 있다는 말이죠. 저도 알아요. 이러
　　　한 원리는 학교에서 퀴즈로 많이 배우거든요.

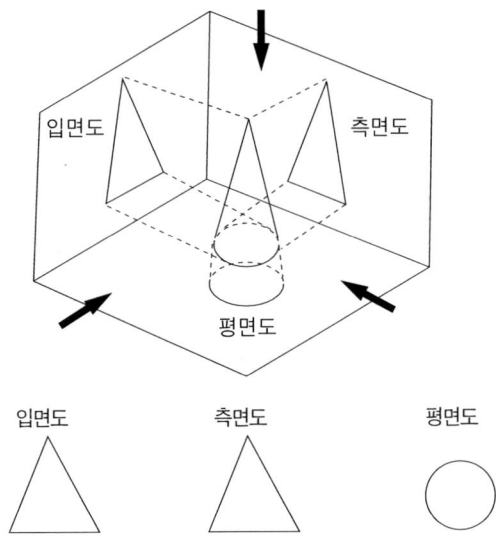

몽주 : 그렇지. 물론 도형들의 위치와 각도 등을 나타내기 위해서는 좀
더 많은 투영도가 필요하지만 말이야. 그러면 우리 문제 하나 더
풀어 볼까? 다음은 어느 도형을 정면에서 측면에서 위에서 본 그
림을 그려 놓은 건데 어떤 도형인지 맞춰 볼까?

입면도   측면도   평면도

저·8·계 : 다음과 같은 도형이 생기겠네요?

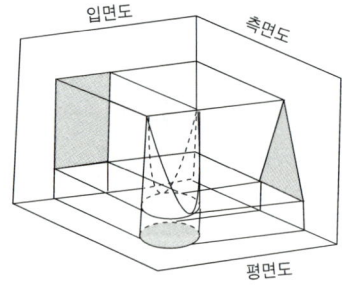

몽주 : 그래, 맞추었다. 그럼 이제 하산하여라.

화법기하학이란 투영도를 사용하는 기하학이다. 투영도란 정면에서 본
그림, 측면에서 본 그림, 그리고 위에서 본 그림으로 하나의 입체도형을
나타내는 그림을 말한다.

이 투영도는 지금도 건물의 설계나 기계공학에 널리 사용되고 있다. 다음은 어느 기계의 설계도에 나오는 것으로 기계를 정면에서, 측면에서, 위에서 본 그림이다.

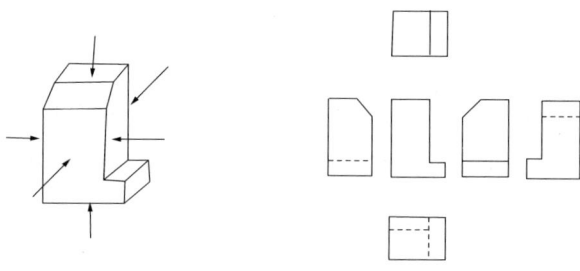

화법기하학의 탄생으로 기계의 대량 생산도 가능하게 되었고 건물을 축성할 때도 복잡한 계산 없이 쉽게 설계도를 만들어 낼 수 있었다. 이렇게 화법기하학은 실용적인 기하학이었다. 화법기하학의 출발도 이렇게 실용적인 필요에 의해서였다. 그 당시 성의 축성에는 복잡한 계산이 많이 필요하였다. 도형을 수식으로 나타낼 수 있는 데카르트의 해석기하학은 정확한 건물의 축조에는 유용하게 쓰여질 수 있지만 수식을 사용하기 때문에 계산이 복잡해진다는 단점도 있었다.

그 당시는 전쟁 기간이었으므로 요새를 건설할 때 요새의 어느 부분도 적의 포화에 직접 노출되지 않도록 해야 했으므로 요새는 복잡해질 수밖에 없었고 계산에도 많은 시간이 필요했다. 그런데 이 같은 문제를 당시 학생이었던 몽주는 새로운 방법, 즉 화법기하학을 사용하여 해결하였던 것이다. 당시 상관은 몽주가 너무 빠른 시간 안에 문제를 해결했기 때문에 처음에는 검토를 보류했다고 한다.

이와 같은 화법기하학은 그 당시에는 획기적인 방법이었다. 해석기하학은 도형과 대수를 하나로 통일시키면서 기하학을 진일보시켰다. 그와 반대로 화법기하학은 도형 그 자체를 놓고 도형을 가장 효율적으로 표현하는 방법이 주된 연구의 목표였다. 또한 화법기하학은 더욱 발달하여 사영기하학을 탄생시키는 역할을 하였다.

■**인물 : 몽주(1746~1818)**

가스파르 몽주는 1746년 5월 10일 프랑스 본에서 태어났다. 아버지는 칼 가는 행상이었으므로 그는 미천한 출신이었다. 하지만 아버지의 교육열은 대단하여 세 자식을 모두 지방 단과대학에 진학시켰다. 그는 어릴 때부터 천재성을 나타냈는데 14세 때는 열기관을 제작하여 주위 사람들을 놀라게 하였고 16세 때는 손수 만든 측량 기계를 사용하여 본의 지도를 제작하였다. 이 지도가 그에게 기회를 주게 되는데 그의 소문을 들은 한 공병장교가 육군사관학교에 입학할 것을 권했다.

이에 그는 육군사관학교에 입학하게 되는데 이 학교를 졸업하여 장교가 되려면 출신이 좋아야만 했다. 그러나 몽주는 출신이 미천했기 때문에 잡다한 일을 해야 했는데 이 동안에도 그는 일상 업무 후 수학 공부할 여유가 충분히 있다는 것에 만족했다. 이 기간 동안 그는 화법기하학을 발견했고 그의 방법이 올바르다는 것을 인정받아 육군사관학교에서 학생들에게 이 새로운 방법을 가르치는 교수가 되었다. 그런데 이 방법은 군사 기밀이었으므로 세상 밖으로 나오지 못하다가 15년이 지난 1794년에 와서야 파리 고등사범학교에서 공개 강의를 허락받았다.

1789년 프랑스 대혁명이 일어나고 이에 동조를 하고 있었던 몽주는 1792년 해군장관 겸 식민지장관에 임명되어 그 후 여러 공직을 거쳤다.

몽주의 일생에 빼놓을 수 없는 것이 나폴레옹이다. 몽주가 해군장관이었을 때 나폴레옹은 포병장교였는데 후에 나폴레옹이 권력을 잡게 되자 몽주는 나폴레옹의 측근이 된다. 나폴레옹 집권 시기 동안 몽주의 건의에 따라 신분에 상관없이 입학 시험만으로 학생을 선발하는 파리 고등이공과학교(에콜 폴리테크니크)가 설립되고 몽주는 이 학교의 교수가 된다. 그 뒤 에콜 폴리테크니크는 퐁슬레, 코스 등의 많은 수학자를 배출했으며 갈루아가 두 번씩이나 낙방한 유명한 학교가 되었다.

나폴레옹은 몽주를 굉장히 신뢰하여 해외 원정길에 나갈 때면 문화사절단의 일원으로 나폴레옹을 수행하였으며 나폴레옹 집권 시절 그는 상원 의원직과 백작의 칭호를 얻어 귀족이 되는 영광도 안게 된다.

그러나 나폴레옹이 폐위되고 부르봉 왕조가 권력을 잡게 되자 그는 공직에서 추방당했고 부르봉 왕가의 박해를 받다가 1818년 7월 28일 죽고 말았다.

8. 퐁슬레의 사영기하학

오늘은 사영기하학에 대하여 배울 시간이다. 사영기하학을 연구했던 대표적인 사람은 몽주의 제자였던 퐁슬레였다. 당연히 저·8·계는 그를 찾아 프랑스로 간다. 그런데 이게 웬일인가? 그가 살았던 프랑스 땅에서는 그를 찾을 수가 없었다. 어디에 있는 걸까? 퐁슬레는 러시아의 포로로 잡혀 있었던 것이다. 이 소식을 들은 저·8·계는 추운 러시아 땅으로 다시 걸음을 재촉한다.

저·8·계 : 이게 웬 고생이람. 러시아의 감옥에서 대체 무엇을 연구하길래 내가 이 고생을 하고 있지.

　러시아의 참혹한 감옥에서 퐁슬레를 만났다. 퐁슬레는 난로에서 꺼낸 숯으로 땅바닥과 벽 등에 무언가를 적어 가면서 연구를 하고 있었다. 그가 그리는 것의 대부분은 도형이었다.

　저·8·계를 발견하고 깜짝 놀란 퐁슬레가 저·8·계에게 물었다.

퐁슬레 : 아니 너는 누구냐?

저·8·계 : 저·8·계이셔.

퐁슬레 : 그래, 이 누추한 감옥까지 무엇 때문에 왔더냐?

저·8·계 : 아저씨가 연구한 사영기하학에 대하여 배우러 왔어요.

퐁슬레 : 아직 발표도 안 된 이론을 네가 어떻게 알고 있느냐?

저·8·계 : 다 아는 수가 있지요. 하여튼 사영기하학이 무엇인지부터 가르쳐 주세요.

퐁슬레 : 그래, 그럼 사영기하학을 배우기 전에 먼저 그림 공부나 해 볼까? 너는 미술시간에 원근법 또는 투시도법이라는 말을 들어 보았느냐?

저·8·계 : 그럼요. 원근법, 또는 투시도법이라고 말하는 것은 먼 곳은 점점 작게, 가까운 것은 점점 크게 그리는 것 아니겠어요.

퐁슬레 : 그래, 그것 좋은 대답이다. 아래 그림은 투시도법을 잘 표현한
그림인데 야곱 반 루이스달의 '밀밭'이라는 그림이지. 이런 그
림들을 미술 공부할 때 자주 보았을 거야. 레오나르도 다 빈치
의 그 유명한 '최후의 만찬'도 이 투시도법을 이용하고 있다는
것을 너도 이미 배워 알고 있을 것이다.

저·8·계 : 아니 그런데 왜 갑자기 수학 시간에 미술 공부를 하는 거예
요?

퐁슬레 : 이 투시도법이 사영기하학의 기초가 되기 때문이야. 잔말 말고
잘 들어나 보아라. 이제 이 원근법을 어떻게 표현하는지 배워
보자꾸나. 여기 네 앞의 땅바닥에 정사각형이 있다고 하자. 그
렇다면 이것을 세워져 있는 도화지에 투시도법으로 그리려면

어떻게 해야 될까?

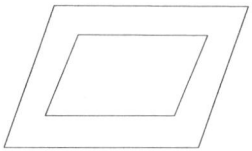

저·8·계 : 글쎄 생각하기 쉽지가 않은데요.

퐁슬레 : 그건 간단해. 눈과 땅바닥, 즉 평면 사이에 수직으로 도화지를
         세워놓고 눈과 정사각형 사이에 직선을 긋고 이 직선이 도화지
         에 만나는 점을 이으면 되는 거야.

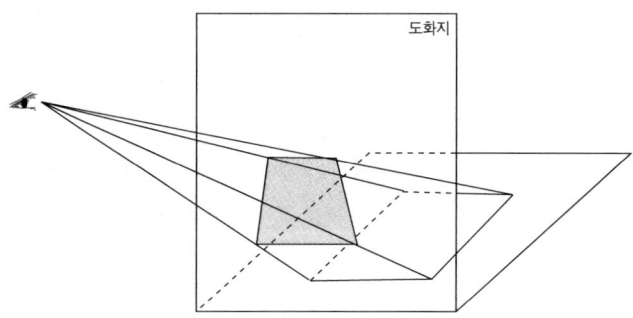

저·8·계 : 아, 이것이 투시도법의 원리이구만요.

퐁슬레 : 그렇지. 그런데 네가 그리고자 하는 물체가 평면에 있는 것만은
         아니지.

저·8·계 : 그렇지요. 경사가 기울어져 있는 면에 있을 수도 있잖아요.

퐁슬레 : 그것도 간단히 알아볼 수 있지. 다음 그림을 보면 눈과 수직인

도화지를 고정시켜 놓고 뒤의 평면의 위치를 여러 가지 기울기로 움직여 보는 거야.

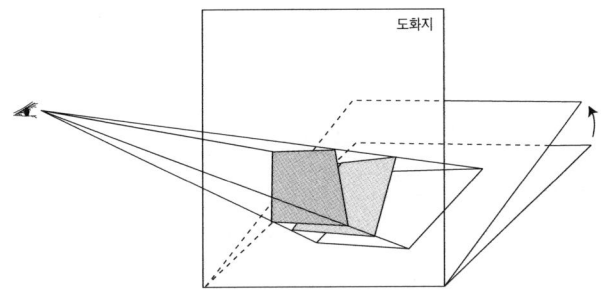

퐁슬레 : 그러면 기울기가 다른 면에 놓인 도형들은 다 수직인 도화지에 사다리꼴로 만들어지게 되어 있지. 기울기가 어떻게 되어 있든지 간에 말이지.

저·8·계 : 그런데 이것이 왜 그렇게 중요한 건가요?

퐁슬레 : 이런, 아직도 모르겠느냐? 이 투시도법에서 중요한 것은 뒤에 기울기가 다른 면에 놓인 도형들은 다 수직인 도화지에 사다리꼴로 나타난다는 거야.

저·8·계 : 그건 당연한 거 아니겠어요? 어차피 눈과 사다리꼴을 직선으로 연결한 연장선상에 있는 도형들이니까요?

퐁슬레 : 그렇지. 그렇다면 뒤에 나타난 도형들은 다 사다리꼴과 같은 도형들로 보는 거야. 어차피 수직인 사다리꼴에서 변화된 도형들이니까.

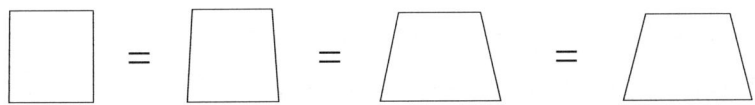

저·8·계 : 잘 이해가 되지 않는데요.

퐁슬레 : 그러면 더 쉽게 설명해 볼까? 눈과 도화지에 그려져 있는 도형 그리고 뒤의 면을 다음과 같이 배치해 볼까. 물론 이 경우도 눈, 도화지의 도형, 면의 위치는 변한 게 없지.

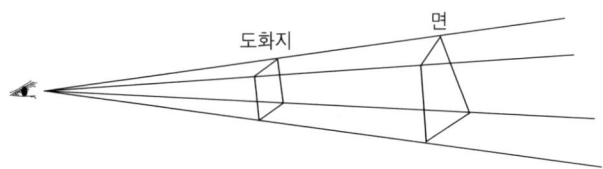

그런 다음 눈에서 빛을 비추어 본다고 생각하는 거야. 물론 앞의 도형은 수직으로 있고 움직이지 말아야지. 그리고 뒤의 면을 여러 각도로 움직여 볼까?

저·8·계 : 그런 다음에는요?

퐁슬레 : 그러면 뒤의 면에 여러 가지 도형들이 나오겠지. 그렇다면 앞의 도형과 뒤에 나타난 도형들은 같은 도형이야.

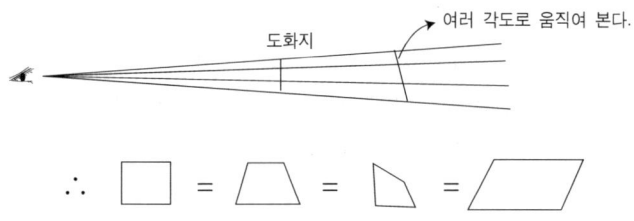

저·8·계 : 오호라. 이제야 좀 이해가 되는군.

퐁슬레 : 이렇게 변환하는 것을 사영변환이라고 하는데 이 사영변환을

연구하는 학문이 사영기하학이지.

사영이란 말은 빛을 발사한다는 의미이고, 사영기하학이란 사영변환에 의해서 나타난 도형의 성질을 연구하는 기하학이다.

사영기하학의 발전에 미술의 투시도법이 큰 역할을 한 것은 앞에서 살펴본 대로다. 또 하나 큰 역할을 했던 것이 아폴로니우스의 원뿔곡선에 대한 연구이다. 이 연구는 파스칼에 의하여 체계화되는데 이는 사영기하학의 토대를 마련해 주는 역할을 한다.

그럼 아폴로니우스의 연구를 복습해 보자. 원뿔곡선을 여러 가지 각도로 자르면 여러 가지 도형이 나타나는데 이 도형들을 연구한 것이 아폴로니우스의 원뿔곡선에 대한 연구이다.

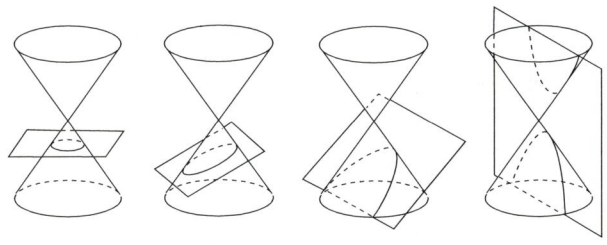

아폴로니우스의 연구가 어째서 사영기하학 연구에 중요한 단서가 되었냐고? 그건 모르는 소리. 다음과 같이 빛이 한 점에서 도화지에 발사된다고 하면 당연히 도화지에는 원이 나타날 것이다.

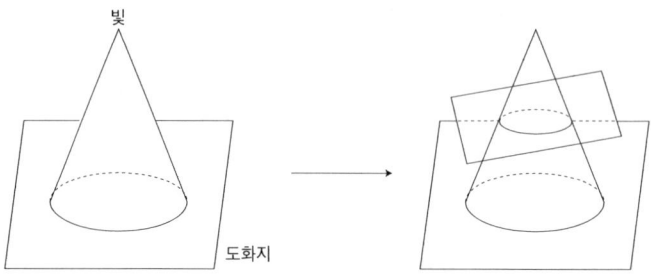

　그런데 그 모양은 분명 원뿔곡선과 같다. 이 빛이 발사되는 한 점과 도화지 사이에 또 다른 도화지를 여러 가지 각도로 절단해 보자. 어떤가? 그러면 아폴로니우스의 원뿔을 절단하는 것과 같이 되지 않는가?

　그런데 이것은 사영변환의 원리와 똑같다. 왜냐하면 한 점에서 빛을 발사하고 도형이 그려진 하나의 판을 고정시키고 나머지 판을 여러 가지 각도로 움직여 나타난 도형의 관계를 연구하는 사영기하학의 기본 성질과 같기 때문이다. 도형이 그려진 하나의 고정된 판이 어디에 놓여 있든지 상관이 없으니까.

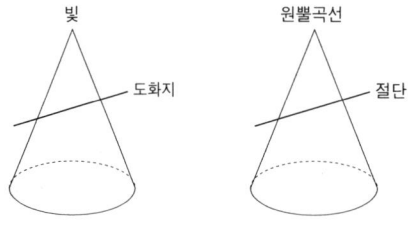

　이 부분에서 사영기하학의 중요한 성질을 알아볼까 한다. 다음과 같이 빛을 발사하고 동그란 구멍이 난 판을 놓아 보자. 그러면 뒤에 있는 바닥에는 포물선이 나타난다.

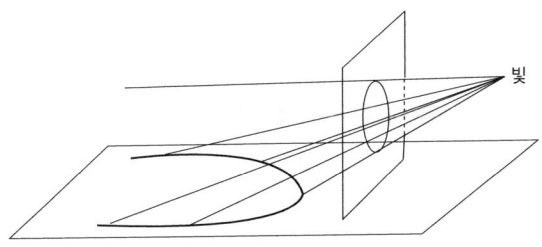

그렇다면 원과 포물선은 사영기하학에서는 같은 것이 되는가? 그렇지는 않다. 사영기하학에서는 포물선의 두 끝을 무한히 연결하면 다음과 같이 어느 한 점에서 만나게 된다. 이를 무한원점이라고 한다.

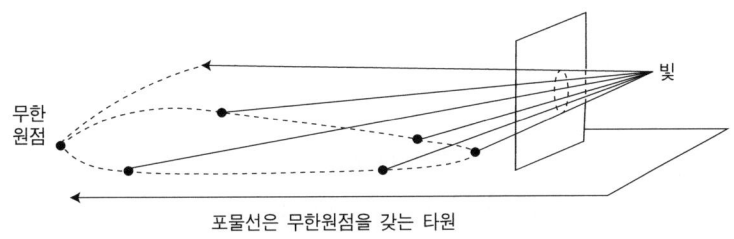

포물선은 무한원점을 갖는 타원

그래서 우리들이 보기에 포물선은 무한원점을 갖는 타원인 것이다. 물론 사영기하학에서 원과 타원은 같은 것이라는 건 이미 알고 있겠지. 여기서 여러분이 생각하는 몇 가지 의문점을 말해 볼까?

위와 같은 논리가 성립한다면 두 평행한 직선은 무한원점에서 만나게 되는가?

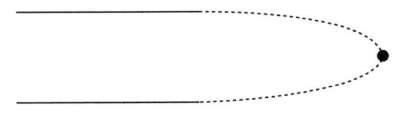

그렇다. 사영기하학에서 두 평행한 직선은 무한원점에서 만나게 된다. 그렇다면 유클리드 기하학에서 말하는 두 평행한 직선은 만나지 않는다는 논리는 성립하지 않는다는 말인가? 그 또한 맞는 말이다. 사영기하학에서는 두 직선의 평행 관계도 변할 수 있다. 즉 두 평행한 직선은 무한원점에서 만나게 되는 것이다. 이 무한원점이 무수히 모이면 무한원직선이 된다.

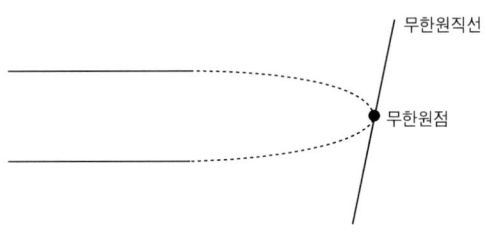

무한원점에 대한 개념을 쉽게 이해하기 위해서는 다음과 같이 투시도법의 원리를 잘 생각해 보면 된다. 투시도법을 사용하여 두 평행한 직선을 수직인 도화지 위에 그려 본다고 가정하면 두 평행한 직선은 어느 한 점에서 만나게 된다. 에~ 두 평행한 철길이 무한히 이어지면 우리들 눈에는 한 점에서 만나는 것처럼 보이잖아요?(김대중 대통령 버전)

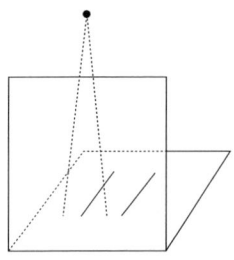

무한원점의 개념은 데자르그(1593~1662)의 정리에서도 잘 나타나 있다. 데자르그의 정리는 여러분도 쉽게 이해할 수 있다. 다음과 같이 한 점에서 세 개의 선을 그어 보자. 그리고 이 직선 상에 임의의 점들을 찍어 연결해 다음과 같은 두 개의 삼각형을 만든다. 그리고 난 뒤 이 두 개의 삼각형의 선들을 연장해 보자. 그러면 다음과 같이 이 두 삼각형의 대응되는 변의 교점은 일직선상에 만나게 된다.

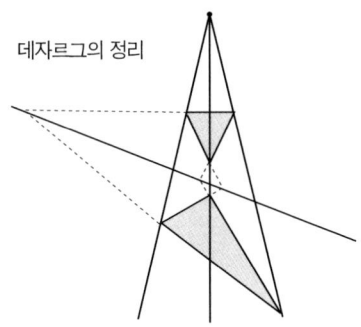

데자르그의 정리

이것이 데자르그의 정리다.

데자르그의 정리

두 개의 삼각형의 서로 대응하는 꼭지점끼리를 맺는 직선이 한 점을 통과한다면, 대응하는 변의 교점은 일직선 위에 있다.

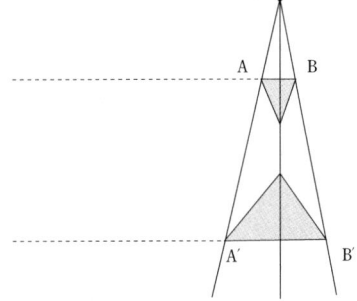

그런데 여기서 이 두 삼각형의 대응되는 변이 다음과 같이 평행으

로 놓여 있다면 선분 AB와 A′B′ 교점은 만나지 않게 된다. 그렇다면 이 정리가 틀렸다는 말인가?

그 당시 데자르그는 이 문제를 해결하지 못했다. 하지만 퐁슬레는 무한원점이라는 개념을 도입하여 이 문제를 해결한다. 다시 말해 이 평형으로 놓여 있는 두 직선은 일직선상의 무한원점에서 만나는 것이다. 그러므로 데자르그의 정리가 옳다는 것을 입증하게 된다.

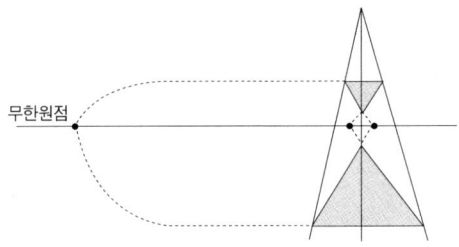

사영기하학의 중요한 또 하나의 원리가 쌍대의 원리다. 먼저 그 유명한 파스칼의 정리부터 살펴보자.

원뿔곡선에 내접하는 임의의 6각형에서 대응하는 세 쌍의 변의 연장선이 만나는 세 점은 한 직선 위에 있다.

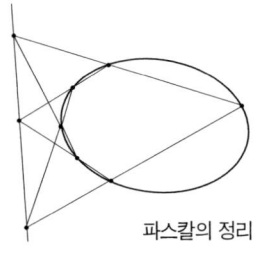

파스칼의 정리

이 정리는 '신비적 6변형'이라고 부르는 파스칼의 정리다. 왜냐하면 이 정리는 원뿐만이 아니라 원을 사영하여 나온 타원 등의 여러 가지 도형, 즉 원뿔곡선에 대하여 성립하고 있기 때문이다. 물론 이 정리는 파스칼이 원뿔곡선에 대해 연구하면서 얻게 된 정리다.

그런데 이 정리에서 내접을 외접으로, 변을 꼭지점으로, 점을 직선으로 바꾸면 '원뿔곡선에 외접하는 임의의 6각형에서 대응하는 세 쌍의 꼭지점을 맺는 직선은 한 점에서 만난다'는 또 다른 정리가 탄생한다.

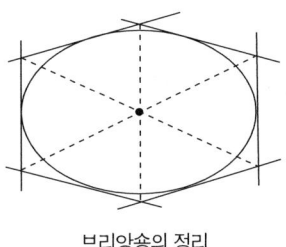

브리앙숑의 정리

이것은 파스칼의 정리를 증명하다가 만들어진 브리앙숑(1785~1864)의 정리다. 이 두 정리는 말은 바꾸었지만 실은 같은 내용이다. 쌍대의 원리란 이와 같이 모든 정리는 두 개씩 쌍이 되어 있고, 한쪽의 정리로부터 점이라는 말과 직선이라는 말을 교환하면 또 다른 쪽의 정리가 얻어진다는 원리다.

파스칼의 정리와 브리앙숑의 정리는 쌍대의 원리로 되어 있는 대표적인 것이다. 이 원리가 중요하게 생각되는 것은 쌍대를 이루고 있는 두 정리 중 하나의 정리만 증명되면 다른 하나의 정리도 당연히 성립하므로 증명할 필요가 없다는 데 있다. 다시 말해 앞에서 파스칼의 정리가 성립하면 브리앙숑의 정리도 당연히 성립하게 되어 있는 것이다. 이러한 원리로 인하여 기하학자들이 증명을 하는 수고를 상당히 줄일 수가 있었다.

　그렇다면 여러분 중에서 이것은 당연한 것이 아니겠느냐고 생각하는 사람이 있을 것이다. 굳이 사영기하학에서 다루지 않더라도 이 원리는 유클리드 기하학에서도 만들어질 수 있는 원리이지 않겠느냐고?

　하지만 그렇지가 않다. 가장 간단한 예를 들어 보자.

　'두 점은 한 개의 직선을, 오직 한 개의 직선만을 결정한다.'

　이 정리에서 쌍대의 원리를 이용하면 즉 점을 직선으로, 직선을 점으로 바꾸면 '두 직선은 한 개의 점을, 오직 한 개의 점만을 결정한다' 는 정리가 만들어진다.

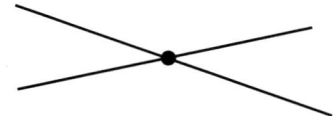

　이 두 정리를 가만히 살펴볼까나? '두 점은 한 개의 직선을 오직 한 개의 직선만을 결정한다' 는 말은 당연하다. 그렇다면 '두 직선은 한 개의 점을, 오직 한 개의 점만을 결정한다' 는 말도 당연할까?

　유클리드 기하학에서 이 말은 당연하지 않다. 왜냐하면 두 직선이 평행할 때는 만나지 않으므로 점을 지닐 수가 없기 때문이다.

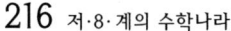

하지만 사영기하학에서는 두 평행한 직선은 무한원점에서 만나게 된다. 그러므로 '두 직선은 한 개의 점을, 오직 한 개의 점만을 결정한다'는 말도 성립하는 것이다. 즉 쌍대의 원리가 성립한다는 말이다.

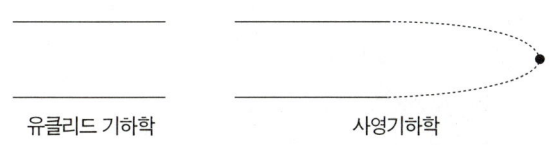

유클리드 기하학　　　　　　　　사영기하학

이제 좀 감이 잡히는지? 쌍대의 원리가 유클리드 기하학에서 볼 수 없는 사영기하학에서의 중요한 원리라는 것을.

앞에서 배운 데자르그의 정리와 파스칼의 정리는 사영기하학의 가장 중요한 두 가지 정리로 알려져 있다.

■ 인물 : 퐁슬레(1788~1867)

'이 감옥 안에서 내가 생각하고 있는 것은 오로지 수학에 관한 것이다.'

퐁슬레는 모스크바의 감옥 안에서 난로에 타다 남은 숯으로 벽과 바닥에 지금까지 자신이 배워 왔던 수학의 정리들을 기억해 내려고 애쓰고 있었다. 모스크바의 차가운 땅바닥에서 그가 할 수 있는 것, 아니 하고 싶었던 것은 지금까지 배워 왔던 수학에 대한 지식들을 기억해 내고 정리를 해 나가면서 연구하는 것뿐이었다.

그가 죽을 고비를 넘기고 이 감옥에 있다는 것은 어찌 보면 다행스러운 일인지도 모른다. 프랑스의 나폴레옹 군대가 러시아를 진격할 때 장병들은 한달음에 모스크바를 장악할 수 있을 줄 알았다. 대제국을 건설하려는 프랑스 군대 앞에 러시아 군대는 상대가 되지 않았다. 퐁

슬레도 그렇게 생각하는 사람 중 하나였다. 그러나 결과는 전혀 엉뚱하게 나타났다. 프랑스의 군대는 러시아의 혹독한 날씨와 싸워 이겨내지 못했던 것이다. 패잔병 속에서 그가 살아남을 수 있었던 것은 장교였기 때문이었다. 러시아 군인들은 그에게서 무언가 정보를 얻어내기 원했다.

러시아의 전장터에서 모스크바의 감옥으로 이송되는 중에도 그의 건강한 체력은 목숨을 지탱해 주는 버팀목이 되었다. 살아남았다는 안도에서였을까, 그는 오로지 수학에만 매달렸다. 몽주가 선생으로 있던 프랑스의 파리 고등이공과학교에서 화법기하학를 배운 것은 너무나 다행스러운 일이었다.

2년 동안의 감옥 생활에서 그가 찾아낸 것은 모스크바의 차디찬 날씨를 이겨낸 것보다 더욱 값진 것이었다. 사영기하학! 그 위대한 업적은 모스크바의 차디찬 감옥에서 탄생한 것이다. 이제 그는 감옥을 나와서 무엇을 해야 할지 너무도 잘 알고 있었다. 마침내 고국으로 돌아왔을 때 그는 그 작업을 착실히 수행했다. 감옥에서 생각해 냈던 사영기하학에 대한 연구를 거듭하고 이를 책으로 출간하였다.

그의 선생 몽주로부터 배운 화법기하학과 레오나르도 다 빈치의 투시법이 이제 퐁슬레의 사영기하학으로 다시 체계를 잡게 되었다.

9. 로바체프스키 – 볼리아이의 비유클리드 기하학

이제 저·8·계는 로바체프스키가 살았던 시대로 날아갔다. 너무나 많은 기하학들을 접하다 보니 머리가 아프지만 여기서 그만둘 수는 없는 일. 이제 만나 볼 사람은 로바체프스키다. 그는 비유클리드 기하학을 발표한 인물이다. 과연 비유클리드 기하학이란 무엇일까.

저·8·계 : 아저씨, 비유클리드 기하학이란 무엇이지요? 그것은 유클리드 기하학과 다른 건가요?

로바체프스키 : 당연히 유클리드 기하학과 다르기 때문에 비유클리드 기하학이라고 했겠지.

저·8·계 : 어떤 면이 다른가요?

로바체프스키 : 그럼 지금부터 공부해 볼까? 직선이란 무엇이라고 배웠느냐.

저·8·계 : 직선이란 두 점 사이의 가장 짧은 거리예요.

로바체프스키 : 그래, 역시 공부를 열심히 했구나. 그렇다면 평행선이란 어떤 것이지?

저·8·계 : 그것은 잘 모르겠는데요.

로바체프스키 : 이 내용도 유클리드 기하학에서 이미 배웠을 텐데.

저·8·계 : 글쎄요. 평행선에 대한 내용은 배운 적이 없는 것 같은데.

로바체프스키 : 흐흐 한심한지고. 유클리드의 제5공준의 내용을 보면 '한 직선이 두 직선과 만날 때 두 내각의 합이 2직각보다 작으면, 두 직선을 한없이 연장했을 때 반드시 2직각보다 작은 각이 있는 쪽에서 만난다' 라고 적혀 있지. 그림으로 설명하면 이해하기 쉬울까?

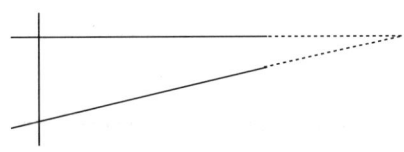

저·8·계 : 아. 그러니까 이 내용이 평행선에 관한 내용이라고요. 그런
데 확 눈에 띄지 않는데요.

로바체프스키 : 그렇지. 이것을 쉬운 말로 표현한 것이 평형선 공리라는
거야. 평행선 공리란 '직선 l과 l 위에 있지 않는 점 P가 주어
졌을 때 이 직선 l과 점 P가 결정하는 평면 위에서 점 P를 지
나고 아무리 늘여도 l과 만나지 않는 직선 l' 는 단 하나 그을
수 있다'는 것이지. 이 이야기는 풀레이페어가 정의한 것인
데 쉽게 이야기하여 '직선 밖의 한 점을 지나 이와 만나지 않
는 직선을 단 하나 그을 수 있다'는 이야기니라.

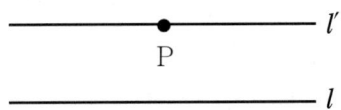

저·8·계 : 아, 그러니까 어떤 직선 밖에 한 점을 지나는 직선 중 평행한
직선은 하나라는 것이지요. 그건 당연한 것 아니겠어요. 그
런데 왜 이 문제에 대하여 이야기를 하는 거예요?

로바체프스키 : 이 내용에 대해서 의문점이 많이 가기 때문에 이야기를
하는 거야.

저·8·계 : 어떤 의문인데요?

로바체프스키 : 어떤 직선 l이 있다고 하고 l이라는 직선 밖의 어떤 한 점

P가 있다고 하자. 그러면 점 P를 지나 직선 l과 평행한 직선
이 되려면 어떤 조건이 필요하지?

저·8·계 : 그건 아까도 말했잖아요. 직선 l과 만나지 말아야지요. 직선
을 무한히 늘려도 말이지요.

로바체프스키 : 과연 그럴까? 다음의 모형은 어떻게 생겼니.

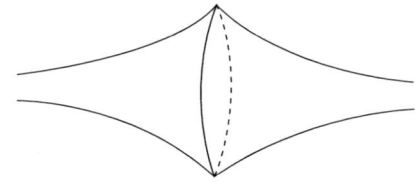

저·8·계 : 트럼펫의 입구를 두 개 겹쳐 놓은 것 같은데요.

로바체프스키 : 그렇지. 여기에 어떤 한 직선을 그려 보자.

저·8·계 : 어떻게 그리지요?

로바체프스키 : 그건 쉽지. 직선은 두 점 사이의 가장 짧은 거리라고 했잖
느냐. 그러니까 어떤 두 점을 잡고 그 최단 거리를 그어 보면
되는 거야. 일반적으로 쓰고 있는 직선 자를 휘어지게 해서
그어 보아도 되고. 어차피 자는 직선을 나타내고 있으니까.

저·8·계 : 그렸는데요.

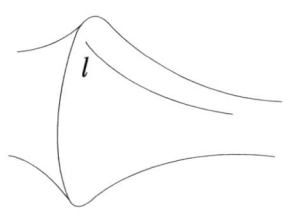

로바체프스키 : 자. 그러면 이 직선을 l이라고 하고 직선 밖에 한 점 P를
찍어 보고 이 한 점을 지나는 직선을 하나 그려 볼까.

로바체프스키는 모형 위에 점을 하나 찍어 놓았다. 물론 저·8·계가
그린 직선 밖에다가. 그리고 난 후 이 점을 지나는 직선을 하나 긋는다.

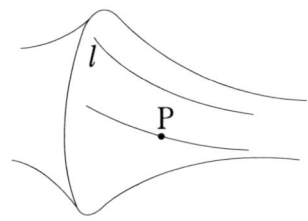

로바체프스키 : 이 두 직선은 만날까?

저·8·계 : 음 아니에요. 이 두 직선은 무한히 가도 만나지 않아요.

로바체프스키 : 그렇다면 이 두 직선은 평행일까?

저·8·계 : 글쎄. 눈으로 보기에는 평행 같지가 않은데?

로바체프스키 : 이런, 지금까지 무엇을 배웠느냐. 어떤 직선 밖에 한 점을
지나 그 직선과 만나지 않는 직선이 있다면 이 두 직선은 평
행하다고 하지 않았느냐.

저·8·계 : 아, 그렇지! 그렇다면 이 두 직선은 만나지 않으니까 평행하
다고 볼 수가 있겠는데요.

로바체프스키 : 그렇다면 점 P를 지나는 또 하나의 직선을 그어 볼까?

그리고 난 후 로바체프스키는 또 다른 직선을 하나 그렸다.

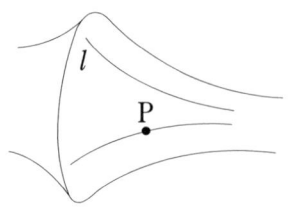

로바체프스키 : 이 직선은 직선 *l*과 만나느냐?

저·8·계 : 이 직선도 만나지 않는데요.

로바체프스키 : 그렇다면 이 두 직선은 평행할까?

저·8·계 : 점점 이상한 것 같지만 그래도 이 두 직선은 평행하다고 할
　　　　수가 있겠네요. 서로 만나지 않으니까요.

로바체스스키 : 그렇다면 다음의 직선도 직선 *l*과 평행하지.

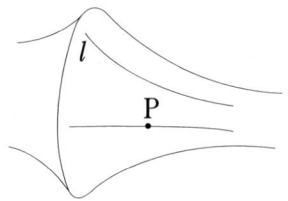

저·8·계 : 잠깐 이렇게 따지면 한 점 P를 지나 직선 *l*과 만나지 않는 직
　　　　선은 엄청나게 많이 그을 수 있겠는데요.

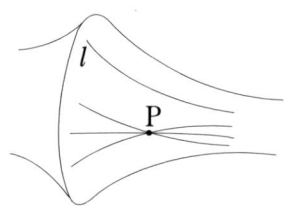

로바체프스키 : 그렇지. 그것도 무수히 많은 직선을 그을 수 있지. 그러니까 한 점 P를 지나 직선 *l*과 평행한 직선은 무수히 많이 만들 수 있다는 거야.

저·8·계 : 아휴, 머리가 너무 아파요. 잠깐 쉬면서 생각해 볼게요.

로바체프스키 : 그러렴.

'한 직선이 두 직선과 만날 때 같은 쪽에 있는 두 내각의 합이 2직각보다 작으면, 두 직선을 한없이 연장했을 때 반드시 2직각보다 작은 각이 있는 쪽에서 만난다.'

이 내용은 유클리드의 제5공준이다. 다음의 그림을 보면 쉽게 이해가 될 것이다. 그림에서 보면 $\angle a$와 $\angle b$의 두 각은 2직각, 즉 $180°$ 보다 작기 때문에 두 직선을 한없이 연장하면 만나게 된다.

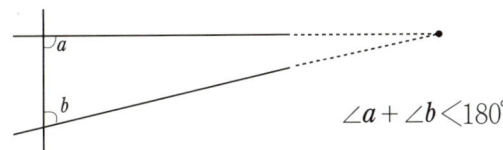

$$\angle a + \angle b < 180°$$

이 이야기는 직선 밖의 한 점을 지나 이와 만나지 않은 직선은 하나밖에 없다는 이야기다. 그런데 왜 유클리드는 이 내용을 위와 같이 어렵게 썼을까?

학자들은 유클리드가 무한히 연장한다는 것에 대하여 확신이 없었다고 보고 있다. 그 당시에는 무한하다는 것에 대한 개념이 명확하지 않았기 때문이기도 하다. 그래서 유클리드도 평행하다는 말보다는 두 내각의 합이 180°보다 작으면 어느 한 점에서 만난다고 결론짓고 있다. 물론 이 말도 완벽하지는 않다. 그래서인지 유클리드도 이 공준을 이용하여 다른 증명을 하는 것을 극히 꺼렸다.

하여튼 학자들은 이를 보다 자명한 문장으로 바꾸려고 노력했다. 이렇게 해서 만들어진 것이 평행선 공리다.

'한 직선 *l* 위에 있지 않은 한 점 P를 지나 직선 *l*과 만나지 않는 직선은, 직선 *l*과 점 P로 이루어진 평면에서는 단 하나 존재한다.'

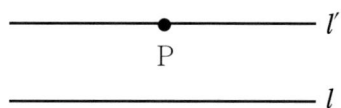

이 문장은 1795년 스코틀랜드의 풀레이페어(1748~1819)가 만든 것이다.

또 한편에서는 이 평행선 공리를 증명하려는 노력이 이어졌는데 많은 학자들이 증명에 실패했다. 무한에 대한 확신이 없는 한 무한히 평행하다는 것에 대한 증명은 쉽지가 않기 때문이다. 이에 만족할 만한 성과를 이룬 것은 샤케리(1667~1733)였는데 그가 증명한 과정은 여러분도 이해할 수 있는 아주 간단한 것이다.

먼저 다음과 같이 선분의 두 끝점 A, B에 각각 수선을 긋고 같은 길이를 잘라낸 다음 그 두 끝점을 C, D라고 하자. 그러고 난 후 네 점을 이으면 직사각형이 만들어지는데 이때 선분 CD는 선분 AB와 평행이다.

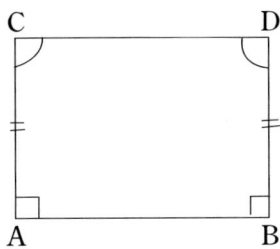

∠A와 ∠B는 각각 90°이므로 선분 AB와 선분 CD가 평행하다는 것을 증명하려면 ∠C와 ∠D도 각각 90°라는 것을 밝히면 된다.

위의 증명에서 필요한 것은 삼각형의 내각의 합이 180°가 된다는 것인데 이는 평행선 공리가 성립할 때다.

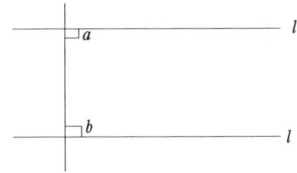

l과 l'가 평행일 때 $\angle a + \angle b = 180°$

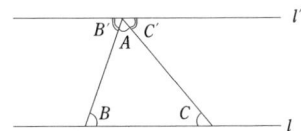

l과 l'가 평행일 때 $\angle A + \angle B + \angle C = 180°$

샤케리는 이에 세 가지 가능성을 제시한다. 다시 말해 ∠C와 ∠D의 합이 180°가 되는 경우(직각 : 삼각형의 내각의 합은 180°), 180°가 되지 않는 경우(예각 : 삼각형의 내각의 합은 180°보다 작다), 180°가 넘는 경우(둔각 : 삼각형의 내각의 합은 180°보다 크다)의 조건이다.

∠C+∠D	① 직각	② 예각	③ 둔각
삼각형의 내각의 합	=2∠R	<2∠R	>2∠R

샤케리는 위의 가정에서 ②와 ③이 옳지 않다는 것을 보임으로써 ①
만이 옳다는 것을 증명하였다. 물론 평면에서는 삼각형의 내각의 합이
180°이기 때문에 ②와 ③의 논리는 성립하지 않는다.

그런데 당연하게만 생각했던 샤케리의 증명이 후에 비유클리드 기하
학을 탄생시키는 계기가 된다. 핵심은 샤케리의 증명이 올바르다고 생
각하기 위해서는 평면이 아닌 곡면에서도 위의 논리가 성립해야 한다는
것이다. 그런데 평면이 아닌 곡면에서는 위의 논리가 성립하지 않는다
는 것이 서서히 알려지게 된 것이다. 다음의 모형을 보자.

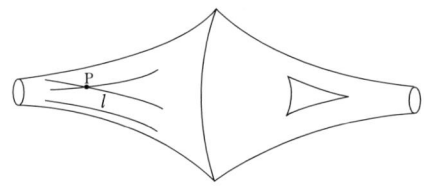

이 모형에 위와 같은 방법으로 삼각형을 만들어 보면 삼각형의 내각
의 합은 180°보다 작다.

그래서 만들어진 것이 '직선 밖의 한 점을 지나는 평행선은 무수히 많
다. 그리고 이때 삼각형의 내각의 합은 180°보다 작다' 라는 비유클리드
기하학이 탄생하게 된 것이다.

이와 같은 논리는 거의 같은 시대에 살았던 이탈리아의 로바체프스
키와 헝가리의 볼리아이에 의하여 세상 사람들에게 알려졌다. 물론 이

둘은 공동으로 연구한 것이 아니라 따로 연구했었지만 그 내용은 같은 것이었다. 그런데 가우스도 그 이전에 이러한 사실에 대하여 알고 있었다. 하지만 그는 이 사실을 발표하기를 두려워했다. 유클리드 기하학을 믿어 왔던 학자들이 이 이론에 대해 크게 반박할 것이 뻔했기 때문이었다.

실제로 로바체프스키와 볼리아이는 비유클리드 기하학을 발표했을 당시에는 사람들의 인정을 받지 못했다. 그들이 세상을 떠나고 난 후에야 그들의 가정이 옳다는 것이 밝혀졌다.

그런데 여러분은 이 강의를 들으면서 무언가 이상하다는 생각을 하지 않았는가. '삼각형의 내각의 합이 $180°$가 넘는 경우는 생기지 않는 것일까? 직선 밖에 한 점을 지나 그 직선에 평행한 직선은 하나도 생기지 않는 경우는 없는 것일까?' 하는 것 말이다.

이러한 의문점으로부터 리만의 비유클리드 기하학이 탄생하게 된다.

■인물 : 로바체프스키(1793~1856), 볼리아이(1802~1860)

비유클리드 기하학을 탄생시킨 공은 다분히 로바체프스키와 볼리아이의 몫이다. 가우스가 이미 이 문제에 대하여 알고 있었다고는 해도 말이다.

유클리드의 제5공준은 학자들을 많이 괴롭혔던 공준이었다. 프톨레마이오스, 대수학자 르장드르(1752~1833), 라그랑주(1736~1813)도 증명에 실패하였다.

단지 가우스만이 제5공준을 증명하는 과정에서 새로운 기하학이 탄생할 수 있다는 것을 알았다. 하지만 그는 이 문제를 발표했을 때 일어날 파장에 대해 너무도 잘 알고 있었다. 그래서 그가 했던 일은 단지 이 사실을 친구에게 편지로 남겨 두는 것이었다. 그것은 자신이 죽고 난 후

이와 같은 착상이 없어질 것을 두려워한 나머지 생각한 최소한의 노력이었다.

하지만 가우스가 아니더라도 역사의 흐름은 거스를 수가 없었다. 이미 러시아의 로바체프스키와 헝가리의 볼리아이는 새로운 역사의 장을 열 채비를 서두르고 있었던 것이다.

로바체프스키의 생애는 평범하리만큼 단순하다. 미망인의 자식으로 카잔에서 공부하였는데 카잔 대학에서 학생으로 그리고 교수로, 또한 학장으로 40년을 생활하였으며 그곳에서 죽었다.

그는 대학을 너무 사랑했다. 어지럽게 널려 있는 대학의 박물관과 도서관도 그의 손을 거치면서 제 모습을 갖출 수 있었고 화재가 난 대학을 2년 후에 원래의 모습으로 돌려 놓을 수 있었던 것도 로바체프스키 때문이었다.

학장이 된 후에도 대학에 일이 있을 때는 소매를 걷어붙이고 일에 매달렸는데 한번은 외국인 명사가 대학을 방문했을 때 그를 대학에서 일하는 노무자인 줄 알고 학교 소개를 부탁한 적도 있었다. 이때도 그는 손님에게 친절히 학교 소개를 해주었다고 한다.

이렇게 학교에 대한 업무에 집착하고 있을 때에도 그는 기하학에 대한 연구를 계속하여 비유클리드 기하학을 탄생시키게 된다.

비유클리드 기하학의 또 다른 공로자 볼리아이가 기하학에 입문한 데에는 아버지의 공이 컸다. 그의 아버지는 가우스의 친구였던 헝가리의 수학자 파르카쉬 볼리아이였기 때문이다.

그의 아버지도 평행선 공리에 대해 증명해 내려고 부단히 노력했지만 실패하고 결국 아들 야노쉬 볼리아이가 청년 장교 시절에 알아냈다. 그

의 이론은 아버지 책의 부록에 실려 발표되었다.

그의 이력에서 특이한 점은 그는 군인이었으며 검도를 잘했고 바이올린의 명연주자였다는 것이다. 이들이 만들어 낸 기하학을 유클리드 기하학과 차이를 둔 로바체프스키-볼리아이의 비유클리드 기하학이라고 부르고 있다.

■ 참고 : 비유클리드 기하학의 모형

여기 원판이 있다. 그런데 이 원판은 좀 특이하다. 한가운데 찍어 둔 점에서 출발해 원호에 가까이 갈수록 사람의 키가 작아지는 원판이기 때문이다. 또 아무리 걸어가도 원호에 도착할 수는 없다.

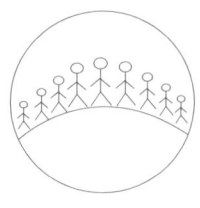

이 원판에 다음과 같은 두 점을 찍어 놓고 잇는다고 하자. 한 점에서 다른 한 점으로 가장 빨리 이동할 수 있는 길을 낸다면 어떻게 될까?

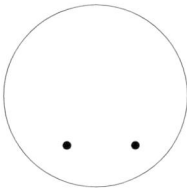

여러분은 다음과 같이 직선으로 이은 거리가 가장 짧은 거리라고 생각하는가?

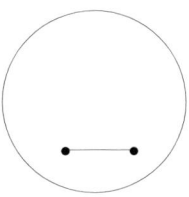

하지만 이건 정답이 아니다. 빨리 가기 위해서는 원의 중심에 가까운 곳으로 걸어가야 한다. 왜냐하면 중심으로 갈수록 걸음걸이가 커지기 때문이다. 그래서 이 원 안에서는 다음과 같이 이은 선이 가장 짧은 거리, 즉 직선이 된다.

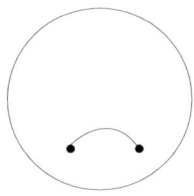

　이 원판에서 직선 밖의 한 점을 지나는 직선은 몇 개이겠는가? 무수히 많다. 왜냐하면 직선 밖의 한 점을 지나 다른 직선과 만나지 않는 직선은 무수히 많이 만들 수 있기 때문이다. 또한 이 원판에서 삼각형의 내각의 합은 $180°$보다 작다.

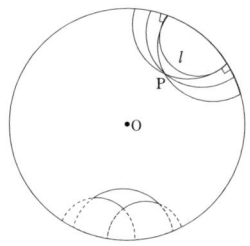

　여러분은 이 원판에 로바체프스키–볼리아이의 기하학이 성립하고 있다는 것을 느끼고 있을 것이다. 이 모형은 포앙카레가 만든 모형이다. 또한 앞에서 말한 트럼펫을 두 개 이어 놓은 모형은 벨트라미(1835~1900)가 만든 것이다.

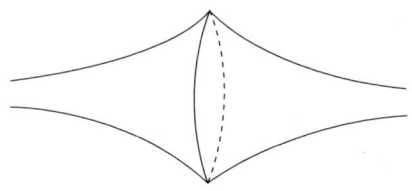

직선 위에 수선을 그은 후 가로축의 한 점에서 세로축에 무한히 접근하는 선을 끈다고 가정하자. 그리고 가로축을 한 바퀴 돌리면 벨트라미의 모형이 만들어진다.

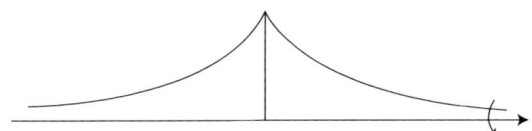

그런데 왜 이렇게 포앙카레의 모형이나 벨트라미의 모형 같은 것들이 만들어지는 것인가? 그냥 로바체프스키-볼리아이의 비유클리드 기하학이 성립한다고 가정하면 되는 것 아니겠는가?

그렇다면 먼저 여러분에게 질문을 던져 보겠다. 유클리드 기하학이 맞는다면 로바체프스키-볼리아이의 비유클리드 기하학이 성립하지 않는다고 할 수 있는가? 그 반대는 어떠한가?

과연 유클리드 기하학과 로바체프스키-볼리아이의 비유클리드 기하학 중 어느 것이 옳은 것인가?

이러한 물음에 대한 대답을 위의 포앙카레나 벨트라미의 모형이 해결해 주고 있다. 먼저 포앙카레의 모형이나 벨트라미의 모형이 만들어진 공간은 분명 유클리드 기하학의 공간이다.

포앙카레의 원판은 평면, 벨트라미의 모형은 공간에 있기 때문에 이것은 분명 유클리드의 공간이다. 앞의 두 모형은 이 유클리드의 공간 안에서 비유클리드의 모형을 만든 것이다. 만약에 이 모형에서 로바체프스키-볼리아이의 비유클리드 기하학이 성립하지 않으면 유클리드 기하학도 틀려야 한다. 왜냐하면 이 두 모형은 유클리드 기하학에서 만들어진 것이기 때문이다.

결론은 로바체프스키–볼리아이의 기하학은 유클리드 공간 속의 특수한 곡면 위에서 나타나는 기하학이라는 것이다.

　　그러므로 '유클리드 기하학이 옳다' 또는 '로바체프스키–볼리아이의 비유클리드 기하학이 옳다' 하는 논쟁은 펼칠 필요가 없다.

10. 리만의 비유클리드 기하학

4·5·정은 지구본 위에다 선을 하나 그어놓고 고개를 갸우뚱한다. 이것을 지켜보던 저·8·계 한마디 안 할 수가 있는가?

저·8·계 : 너 지금 무엇을 하고 있으셔?

4·5·정 : 지구본 위에다가 직선을 긋고 있지.

저·8·계 : 이게 직선이냐? 곡선이지.

4·5·정 : 그려 놓고 보니까 곡선 같기는 한데. 그러면 직선이란 무엇이
지?

저·8·계 : 에이, 너는 학교에서 무엇을 배웠냐? 직선이란 두 점 사이의
가장 짧은 거리를 나타낸 것이잖아.

4·5·정 : 이 커다란 지구본 위에서 두 점 사이의 가장 짧은 거리는 내
가 그린 이 선인데.

저·8·계 : 그건 그렇지.

4·5·정 : 그렇다면 내가 그린 이 선은 곡선이야, 직선이야?

저·8·계 : 괜히 쓸데없는 것을 물어 보고 그러셔. 잠이나 자자.

그리고 저·8·계는 자기 방으로 와서 이 문제에 대하여 생각해 본다.
하지만 저·8·계의 머리가 어디 그렇게 명석한가. 이럴 때는 자는 게
최고다. 저·8·계는 이내 곤한 잠에 빠져든다.

그런데 꿈 속에서 한 남자가 나타나 저·8·계를 피곤하게 만들기 시작했다.

아저씨 : 저·8·계야, 너는 지금껏 무엇을 배웠느냐. 앞에서 직선이란 두 점 사이의 가장 짧은 거리를 나타내는 것이라고 했지 않느냐.

저·8·계 : 그렇다면 4·5·정이 커다란 지구본 위에 그린 이 선은 직선이란 말입니까?

아저씨 : 그렇지. 그러면 직선에 대해서 좀더 설명을 해 보자. 땅바닥에 직선을 그어 나가면 어디까지 가겠느냐?

저·8·계 : 그거야 끝이 없이 무한히 그어 가겠죠. 직선은 무한히 연장할 수 있다고 배웠거든요.

아저씨 : 과연 그럴까? 직접 직선을 그어 보아라.

저·8·계 : 괜한 걸 시키셔.

　저·8·계는 투덜대면서 직선을 그어 나갔다. 며칠을 그었을까? 그런데 이게 웬일인가? 처음 자신이 있던 자리로 다시 온 것이다.

저·8·계 : 아니, 이게 어떻게 된 거지? 직선의 한쪽을 그려 나갔는데 원래의 위치에 와 있다니. 이거 무언가 잘못된 것 같은데.

아저씨 : 그건 잘못된 것이 아니니라. 너는 지구를 한 바퀴 돌아 원래 있던 자리로 온 것뿐이니까.

저·8·계 : 그렇다면 지구 위에서는 직선은 무한히 연장할 수 있는 것이 아니란 말인가요?

아저씨 : 그렇지. 지구 위에서의 직선은 대원이 되는 것이니라.

저·8·계 : 대원이 뭔데요?

아저씨 : 대원이란 구를 정확히 반으로 나누는 원호이지. 다음이 바로 구면 위에서의 직선들이란다.

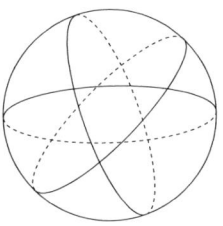

저·8·계 : 원처럼 보이는 것이 구면에서는 직선이 된다고요? 머리가 너무 아프셔.

아저씨 : 머리 아픈 건 약으로 해결하고. 그렇다면 이 지구 위에서 삼각
　　　　형의 내각의 합은 몇 도가 되겠느냐?

저·8·계 : 그거야 당연히 180˚겠죠.

아저씨 : 과연 그럴까. 그렇다면 지구 위에 커다란 삼각형을 그려 보아
　　　　라.

저·8·계 : 또 괜한 걸 시키셔.

　　　저·8·계는 지구 위에다가 커다란 삼각형을 그렸다.

아저씨 : 이제 삼각형의 내각을 재어 보아야지.

　　　저·8·계는 다시 며칠이 걸려 이 커다란 삼각형의 내각의 합을 재기
시작했다.

저·8·계 : 음, 이 각은 90˚, 여기 각도 90˚, 그리고 마지막 각도 90˚, 아니
　　　　이게 어떻게 된 거셔. 삼각형의 세 내각의 합이 270˚나 되는데?

아저씨 : 허허, 네가 그린 삼각형은 지구 위에서 적도를 지나는 대원과
　　　　그리고 북극과 남극을 지나는 대원을 직각이 되게 두 개 그려서
　　　　만든 삼각형이란다. 이 삼각형의 세 각은 직각으로 만나고 있으
　　　　니까 삼각형의 내각의 합이 270˚가 되는 것은 당연한 것 아니
　　　　겠느냐.

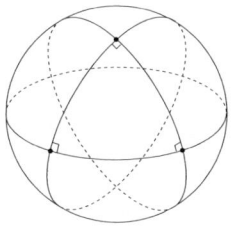

저·8·계 : 아니 이게 어찌된 것입니까? 이 커다란 지구본 위에서는 대

체 어떤 일이 벌어지고 있다는 말입니까?

아저씨 : 그것은 이제 네가 깊이 생각해야 하는 문제 아니겠느냐?

저 ·8 · 계 : 선생님의 성함이나 가르쳐 주십시오.

아저씨 : 내 이름은 리만이다.

이내 저 ·8 · 계는 잠에서 깨어났다.

커다란 구면에 대원을 그려 보자. 그리고 이 대원 밖의 임의의 한 점을 잡는다. 그리고 이 대원 밖의 한 점에서 또 다른 대원을 그리면 원래 그렸던 대원과 만나게 된다.

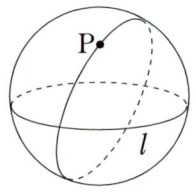

그렇다면 대원 밖의 한 점에서 또 다른 대원을 그렸을 때 원래 그렸던 대원과 만나지 않는 대원을 그려낼 수가 있을까? 직접 지구본을 가져다 놓고 해 보면 그것은 불가능하다는 것을 알 수가 있다.

대원 밖의 한 점에서 대원을 그리면 이 두 대원은 두 점에서 만난다. 구면 위에서의 대원이 직선이라고 한다면 구면 위에서는 직선 밖의 한 점을 지나는 직선이 원래의 직선과 만나지 않는 경우는 생겨나지 않는다.

이 가정은 구면 위에서는 직선 밖의 한 점을 지나 원래의 직선과 평행한 직선은 하나도 존재하지 않는다는 것을 이야기하고 있다. 왜냐하면 어떤 직선과 평행한 직선이 생기기 위해서는 원래의 직선과 만나지 말아야 하는데 구면 위에서는 이러한 가정이 성립하지 않기 때문이다. 물론 이 구면 위에서 삼각형을 그려 보면 그 내각의 합은 $180°$ 보다 크다.

이러한 가정은 앞에서 배운 유클리드 기하학과 로바체프스키−볼리아이의 비유클리드 기하학과는 다른 기하학이 만들어지게 된다는 것을 의미한다. 이 같은 이론을 펼친 사람이 독일의 리만이라는 학자였기 때문에 이를 리만의 비유클리드 기하학이라고 한다. 결론적으로 리만의 비유클리드 기하학에서는 직선 밖의 한 점을 지나 원래의 직선과 평행한 직선은 존재하지 않으며 삼각형의 내각의 합은 $180°$ 보다 크다. 리만의 기하학은 구면 위에서 펼쳐지는 기하학이다.

그런데 여기서 주목할 것이 있다. 비유클리드 기하학이 유클리드 기하학의 제5공준, 즉 평행선 공준과는 다른 견해를 밝히고 있는 기하학이란 것은 앞에서도 말했다. 물론 리만의 비유클리드 기하학에서도 마찬가지다. 그런데 리만의 비유클리드 기하학에서 특이한 점은 유클리드 기하학의 두 번째 공리, 즉 '직선은 양쪽으로 무한히 연장할 수 있다' 는 것도 부정하고 있다는 것이다.

앞에서도 말했지만 구면 위에서 한쪽으로 직선을 그으면 결국은 원래의 위치에 오게 된다. 리만의 비유클리드 기하학에서는 '직선은 유한하다' 라는 또 다른 공리가 태어나게 되는 것이다.

앞에서 배운 내용들을 표로 정리해 보면 다음과 같다.

	리만기하학	유클리드기하학	로바체프스키기하학
직선 밖의 한 점을 지나는 평행선	없다	하나	무수히 많다
삼각형의 내각의 합	$>2\angle R$	$=2\angle R$	$<2\angle R$
샤케리의 가정	둔각	직각	예각

■ 인물 : 리만(1826~1866)

리만의 비유클리드 기하학의 탄생 배경에는 드라마틱한 부분이 있다. 그 당시 괴팅겐 대학의 강사가 되기 위해서는 교수들 앞에서 공개 강의를 해야만 했는데 리만도 지원자 중 한 명이었다.

강사가 세 가지의 강의 제목을 제출하면 교수들이 그 중 하나를 택하도록 되어 있었는데 보통의 경우는 첫번째나 두 번째 주제가 채택되었다. 리만도 마찬가지로 주제를 제출하였다. 물론 리만도 첫번째나 두 번째 주제가 채택될 것이라고 믿었고 세 번째 주제는 별로 신경을 쓰지 않았다. 그러나 세 번째 주제 '기하학의 기초를 이루는 가설에 대하여'가 채택되었다. 이 내용을 선택한 것은 괴팅겐 대학의 교수였던 가우스였고 그도 이 분야에 대한 연구에 많은 관심을 가지고 있었다.

하지만 리만은 이 주제에 대하여 많은 준비를 하지 못했고 가우스를 포함한 교수들 앞에서 강의를 마치고 난 후 그는 자신의 강의가 완벽하지 못했다는 점에 대하여 사과를 했다. 하지만 리만의 평가와는 달리 그의 강의는 너무나 훌륭했다. 그 내용은 리만의 비유클리드 기하학에 대한 것이었다. 그가 제출한 논문은 위대한 걸작이 되었으며 그의 이론은 아인슈타인의 상대성 이론 탄생에 밑거름이 되었다.

그가 남긴 업적은 책 한 권에 수록될 만큼 짧은 것이었다. 그러나 이 한 권의 내용은 어디 하나 소홀히 할 수 없을 정도로 뛰어난 것이다.

그의 뛰어난 독창성은 비유클리드 기하학뿐만이 아니라 위상기하학 연구에서도 잘 나타나 있다. 그 당시 한물간 것으로 여겨졌던 오일러의 연구를 그는 다시 들추어내어 위상기하학의 체계를 만들어 냈던 것이다.

리만은 1826년 독일 하노버의 한 작은 마을에서 가난한 목사의 6남매 중 둘째로 태어났다. 그의 재능은 어릴 때부터 예견된 것이었다. 학교장

이 수학 수업에 출석하지 않아도 된다고 하며 자기 서재에 마음대로 출입하도록 허락해 줄 정도였으니 말이다.

괴팅겐 대학과 베를린 대학에서 그는 야코비(1804~1851), 디리클레(1805~1859) 등으로부터 수학을 배웠으며 대학 시절엔 순수 수학뿐만이 아니라 물리학에도 많은 관심을 가지고 있었다.

하지만 가난은 계속 그를 따라다녔다. 대학을 졸업하고 그가 얻은 직업은 무급 강사로 학생들에게 사례비를 버는 정도의 것이었다. 그 직업도 그가 대학을 졸업하고 2년 반이나 지나서 얻은 자리였다. 하지만 그는 돈에 욕심이 없었고 연구를 계속할 수 있다는 여건을 좋아했다.

그 후 위대한 수학자였던 디리클레의 도움을 받아 조교수로, 그리고 33세의 젊은 나이에 정교수로 임명된다. 드디어 명성과 재정을 바탕으로 안정된 생활을 영위할 수 있는 때가 왔다. 디리클레도 가우스도 그의 뛰어난 재능을 인정해 주었기 때문에 그는 가우스의 후계자가 될 자격이 충분히 갖추어져 있는 상황이었다. 결혼을 해 안정된 생활을 갖춘 것도 이 즈음이었다. 하지만 이제는 건강이 문제였다. 건강이 나빠진 것은 그를 평생 따라다녔던 가난이 원인이었다. 대학 시절부터 안 좋았던 건강은 악화되어 결혼하고 한 달이 채 못 되어서부터 그는 여러 가지 병에 시달렸다. 정부 당국의 도움으로 이탈리아에서 휴양을 해 진전이 있기도 했지만 그것은 일시적인 것이었다. 결국 39세라는 젊은 나이로 그는 세상을 떠났다.

11. 위상기하학

저·8·계가 끝도 없는 길을 걸어가고 있었다. 왜 가는지는 모른다. 하여튼 길을 걸어가고 있는 저·8·계는 갑자기 물이 먹고 싶어졌다. 그런데 갑자기 하늘에서 물이 쏟아지고 있는 게 아니겠는가. '그런데 이것을 어떻게 받아 먹지.' 저·8·계가 고민을 하고 있을 때 옆에서 고무 튜브같이 생긴 물건이 말을 걸어온다.

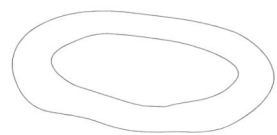

모형 : 너 목마르지? 물을 받아 마실 컵이 있었으면 좋겠지?

저·8·계 : 그래.

모형 : 내가 도와 줄까?

저·8·계 : 에이, 너를 가지고는 물을 마실 수가 없는데.

모형 : 내가 변형을 하면 되지. 자, 잘 봐.

　모형은 변형을 하기 시작했다. 고무 튜브 같은 모형은 이제 컵이 되었다. 저·8·계는 이 컵으로 물을 맛있게 받아 먹을 수가 있었다.

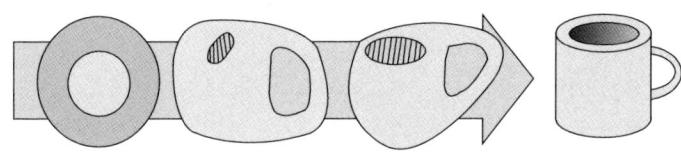

저·8·계 : 너는 어떻게 이렇게 여러 가지로 변형을 할 수가 있니?

모형 : 선이 이어진 부분만 같다면 변형이 가능하지.

저·8·계 : 그러면 너는 선의 이어진 부분만 같다면 마음대로 늘리거나
줄이거나 할 수가 있다는 말이지. 찰흙처럼 말이야.

모형 : 그래.

저·8·계 : 그렇다면 너는 손잡이가 없는 컵은 만들 수가 없겠구나.

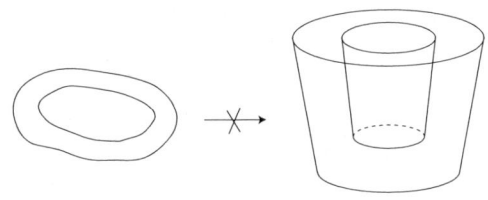

모형 : 당연하지. 그러니까 나와 커피잔은 같은 것이라고 할 수가 있는
거야.

저·8·계 : 그건 억지 같은데.

모형 : 억지라니. 이어진 선과 면이 같잖아. 찰흙으로 나와 도넛 그리고
커피잔을 만들 수가 있으니까 말이지.

저·8·계 : 너와 커피잔이 같은 것이라. 더욱 아리송하네.

모형 : 그렇다면 내 친구를 소개해 볼까.

모형은 다음과 같이 자기 친구를 소개해 주었다.

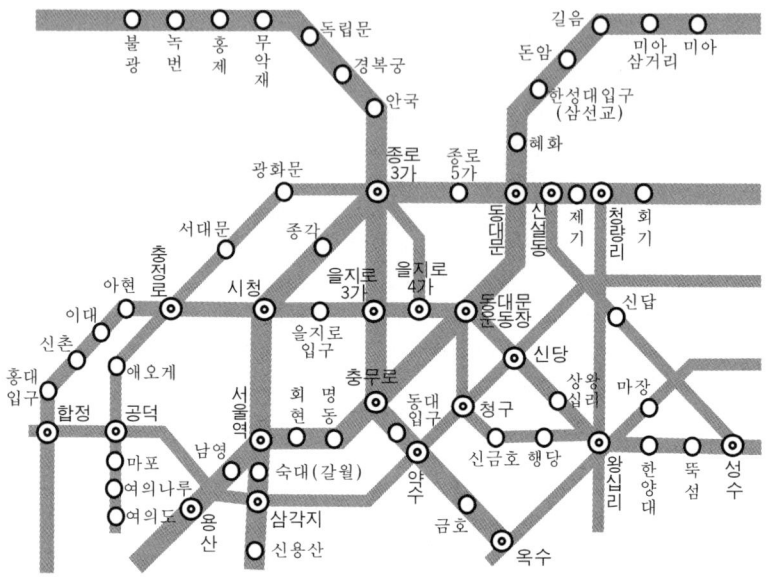

저 · 8 · 계 : 이게 네 친구야? 이것은 지하철 노선도 아니야?

모형 : 그렇지. 그런데 이 선들은 원래 이렇게 직선으로 되어 있었을까?

저 · 8 · 계 : 아니지. 원래는 구부러진 것을 우리들이 알아보기 쉽게 직선으로 연결해 놓은 거잖아.

모형 : 그래, 말 잘했다. 그러니까 이 지하철 노선도는 원래의 선들을 구부리거나 펴서 우리들이 알아보기 쉽게 이렇게 직선으로 나타낸 거지.

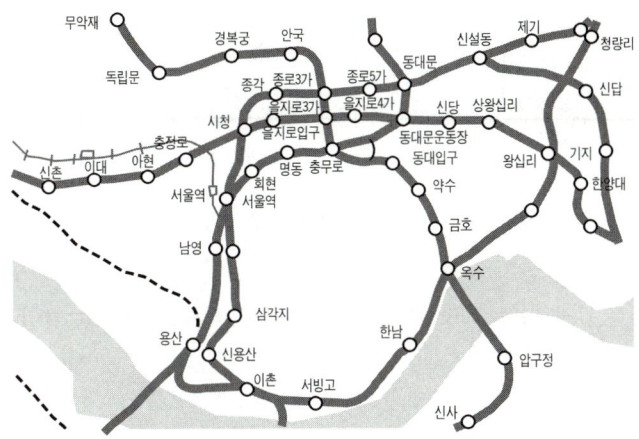

저·8·계 : 그러니까 네가 이야기하고 싶은 것은 원래의 선과 이 지하철
노선도는 같다라는 거잖아.

모형 : 바로 그거야.

저·8·계 : 그렇다면 너의 친구들은 선과 면의 연결 상태가 같으면 다
같은 도형들이니?

모형 : 그래. 내 친구들은 모두 위상기하학이라는 집에서 살고 있지.

위상기하학이란 글자 그대로 위(위치)와 상(형상)을 연구하는 학문이
다. 위상기하학은 깊게 들어가자면 어려운 학문이지만 개념은 아주 간
단하다.

쉽게 생각하여 고무나 찰흙으로 만든 도넛이 있다고 하자. 이 도넛은
고무나 찰흙으로 만들었기 때문에 마음대로 늘리거나 하여 변형을 시킬
수 있다. 이것을 다음과 같이 변형하면 커피잔이 만들어진다. 찢거나 하
지 않고서 말이다.

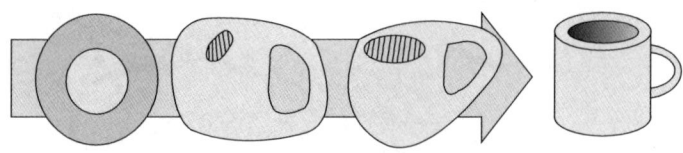

　그렇다면 이 커피잔과 도넛은 위상적으로 같은 것이 된다. 물론 앞에서 본 지하철 노선도도 마찬가지다. 원리를 알았으면 몇 가지 문제를 해결해 보자. 다음의 삼각형, 사각형, 원은 위상적으로 같다고 말할 수 있는가?

　당연히 그렇다. 그렇다면 다음의 세 도형은?

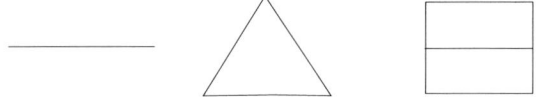

　이 세 도형은 다르다. 왜냐하면 연결 상태가 같지 않기 때문이다. 직선을 늘리거나 줄이거나 해서 삼각형을 만들 수는 없지 않은가? 이러한 원리는 평면에서뿐만 아니라 공간에서도 적용된다. 도넛이 커피잔이 되는 것에서 알 수가 있듯이.
　그런데 이러한 원리는 여러분이 이미 배운 내용이다. 어디에서? 오일러의 기하학에서 이미 배웠지 않았는가?

오일러의 쾨니히스베르크의 다리 문제를 다시 들여다보자. 이 쾨니히 스베르크의 다리 문제를 오일러는 다음과 같이 변형을 시켜 한붓그리기 문제로 만들었다.

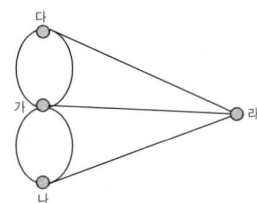

이래도 모르겠다고? 원래의 쾨니히스베르크의 다리를 마음대로 늘려 위와 같이 변형을 했는데도? 즉 쾨니히스베르크의 다리와 위의 그림은 위상적으로 같은 것이다. 선이 어떻게 연결되어 있는지가 중요한 것이 지 그 모양은 문제가 되지 않는다.

오일러가 연구했던 오일러의 공식 문제도 그렇다. 이 문제에서도 선 과 면 그리고 꼭지점이 이어져 있는 상태가 중요한 것이지 그 모양이 어 떻게 생겼든지는 상관이 없다.

예를 들면 구와 연결 상태가 같은 도형이면 도형의 모양이 어떻게 생 겼든지 간에 모서리, 면 그리고 꼭지점과의 사이에는 오일러 공식이 성 립하는 것이다.

그렇다면 다음 두 도형은 위상적으로 같다고 할 수가 있는가?

여기서 잠깐. 위상적으로 같은가를 따질 때는 이 도형이 어디에 놓여 있는지가 중요하다. 먼저 평면에서 이 두 도형이 어떻게 위상적으로 같은지에 대하여 알아보자.

먼저 위(위치)와 상(형상)을 구별하여 비교해 볼까? 이 두 도형의 모양은 같다. 선으로 이어져 있는 모양은 같다. 그런데 위치는 다르다. (가)의 도형은 선 하나가 원 밖에 있고 (나)의 도형은 선 하나가 원 안에 있다. 즉 평면에서 앞의 두 도형은 상은 같지만 위치가 다르므로 위상적으로 같지가 않다. 쉽게 말해 평면에서는 (가)의 도형을 마음대로 늘리거나 줄이거나 해서 (나)의 도형으로 만들 수가 없다는 것이다.

그렇다면 공간에서는 위의 두 도형은 위상적으로 같은가? 같다. 왜냐하면 공간에서는 (가)의 도형을 마음대로 줄이거나 늘리거나 해서 (나)의 도형으로 만들 수가 있기 때문이다.

또 하나 예를 들어 보자. 둥글게 이어진 끈을 가위로 오려 다음과 같이 엮어 붙였다.

그렇다면 이 두 도형은 위상적으로 같은가? 여기서도 이 두 도형이 어디에 놓여 있는지가 중요하다.

먼저 공간에서는 어떨까? 물론 이 두 도형의 상은 같다. 두 도형을 보면 끊어져 있는 부분도 없고 다른 직선을 붙여 놓은 것도 아니기 때문이다. 그렇다면 위치는 같은가? 그렇지는 않다. 왜냐하면 공간에서는 ㉮

의 도형을 마음대로 늘리거나 줄이거나 하여 ⓑ의 도형으로 만들 수가 없기 때문이다. 그래서 3차원 공간에서 이 두 도형은 위상적으로 같지 않다.

그렇다면 4차원 공간에서는? 당연히 이 두 도형은 위상적으로 같다. 왜냐하면 4차원 세계에서는 ⓐ의 도형을 마음대로 늘리거나 줄이거나 하여 ⓑ의 도형으로 만들 수가 있기 때문이다.

여기서 문제 하나. 다음의 도형 중 3차원 공간에서 위상적으로 같은 것은 어느 것인가?

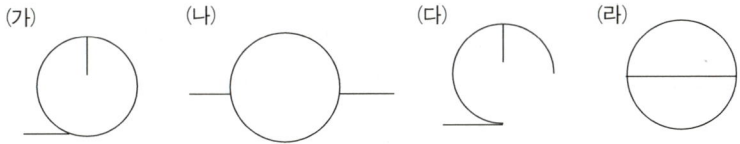

답은 (가)와 (나)이다. 이렇듯 '위상적으로 같다'라는 말은 도형이 어디에 놓여 있는지에 따라 달라지므로 신중히 써야 한다.

■인물 : 포앙카레(1854~1912)

위상기하학의 업적은 어느 한 사람의 업적으로 돌리기에는 무리가 있다. 물론 위상기하학을 연구한 선구자는 오일러이다. 아니 위상기하학을 연구했다기보다 오일러 자신도 모르게 그 기초를 마련했다고 하는 게 옳은 표현일 것이다. 이를 위상기하학이라는 학문으로 연구한 사람이 리만이었으며 이를 더욱 체계화시킨 사람은 프랑스의 포앙카레이다. 오일러와 리만에 대해서는 앞에서 살펴보았으므로 이 장에서는 포앙카레에 대하여 잠깐 살펴보도록 하겠다.

좀 특이하게 그의 일대기를 인터뷰 형식으로 나타내 보려고 한다. 왜 갑자기 인터뷰냐고? 내 마음이서.

　1911년 어느 추운 겨울날 기자는 포앙카레와 만났다. 병세가 악화되어서인지 그는 좀 푸석해 보였다. 그러나 그의 상징인 안경 너머 보이는 눈빛만은 빛나고 있었다. 이내 인터뷰는 시작되었다.

기자 : 사람들은 선생님을 최후의 만능 수학자라고 하는데요. 듣기에 어떠십니까?

포앙카레 : 그거 나쁘지는 않네요. 물론 제가 연구한 분야가 수학의 전 영역을 포함하고 있기는 하지요.

기자 : 이해하기는 어렵지만 구체적으로 어떤 분야입니까?

포앙카레 : 크게 세분해 보면 순수수학, 천체역학, 수리물리학, 과학 철학 방면이지요. 그 속에서는 비유클리드 기하학, 확률론, 근대 물리학, 수와 양, 공간 등의 이론이 있습니다. 특히 리만의 연구를 더 체계화시킨 위치해석학, 아, 요즘 사람들은 이를 위상기하학이라고 부른다지요. 하여튼 이 분야의 연구에도 많은 시간을 할애했습니다.

기자 : 수학 이론들이 점점 복잡해지고 있는 요즘에 와서 학자들은 수학의 어느 한 분야를 연구하기도 벅찬데 이렇게 많은 일을 하셨다니 정말 놀랍습니다. 그것은 원래 머리가 좋아서였을까요?

포앙카레 : 그렇게 생각이 들 수도 있을 겁니다. 왜냐하면 저의 할아버지와 아버지는 의사였고 저의 작은 아버지 또한 건설부장관을 지내셨지요. 특히 저의 사촌 레이몽 포앙카레는 프랑스 대통령이었지 않았습니까? 하지만 성장해서 지능검사를 해 보니 그 결과가 아주 형편없었던 것을 보면 꼭 집안 내력이라고 할 수도 없겠지요.

기자 : 또 한 가지 특이한 점은 기록을 잘 하지 않으신다고 들었는데요.

포앙카레 : 그건 맞는 말입니다. 이유는 간단해요. 눈이 나쁘기 때문이지

요. 칠판의 글씨가 잘 보이지 않거든요. 그래서 어릴 때부터 듣고 기억하곤 했습니다. 그런데 그 기억력이 남들보다는 좀 뛰어나다고 할 수 있을 정도였죠. 물론 내가 연구하는 것에 관해서만이기도 하지만. 지금도 아침밥을 먹었는지 안 먹었는지 아리송하다니까요. 그래서인지 글씨는 좀 악필입니다.

기자 : 교수님의 기억력은 정평이 나 있습니다. 책을 빨리 읽을 뿐만 아니라 기억해 내는 일도 뛰어나다고 들었거든요.

포앙카레 : 감사합니다.

기자 : 요즘 건강은 어떠신지요.

포앙카레 : 그렇게 좋지는 않아요. 몇 년 전에 수술을 받아 좋아진 것 같은데 연구에 몰두하느라 다시 안 좋아진 것 같습니다. 그래서인지 요즘 제가 하는 연구를 끝낼 수 있을지가 걱정입니다.

기자 : 부디 몸조심하시길 바랍니다.

포앙카레 : 감사합니다.

포앙카레는 1857년 프랑스의 낭시에서 태어났다. 그는 프랑스 공화
정의 대통령을 지낸 레이몽 포앙카레의 사촌이기도 하다. 1857년 파리
고등이공과학교(에콜 폴리테크니크)를 졸업한 후 1879년 광산학교에서
채광기사 자격을 취득했으며, 파리 대학교에서 이학박사 학위를 받았
다. 광산학교를 졸업한 후 카엥 대학교의 강사로 임명되었으며, 2년 후
파리 대학교로 옮긴 후 죽을 때까지 수학과 과학의 여러 교수직에 있었
다.

■참고 1 : 여러 가지 변환

간단한 실험을 하나 해 볼까나? 다음과 같이 도화지에 빛을 비춘다. 이
때 빛과 도화지 사이에 도형을 놓고 이 도형이 도화지에 어떻게 나타나
는지를 알아보는 실험이다.

이때 빛을 한 점에서 비추는가 평행하게 비추는가에 따라, 도형과 도
화지가 어떻게 놓여 있는지에 따라 많은 변화가 일어나게 될 것이다. 그
렇다면 여러 가지 실험을 통해 도형의 모양이 어떻게 변하는지 살펴보
자.

첫번째 실험. 빛은 평행하게 비추고 도형과 도화지를 평행하게 놓았
을 때(합동변환)

두 번째 실험. 빛은 한 점에서 비추고 도형과 도화지를 평행하게 놓았
을 때(닮음변환)

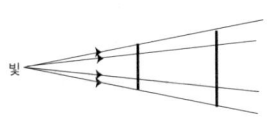 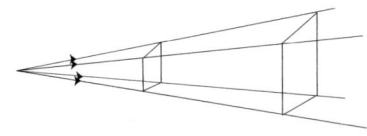

세 번째 실험. 빛은 평행하게 비추고 도형과 도화지를 평행하게 놓지 않아도 될 때(아핀변환)

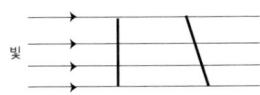 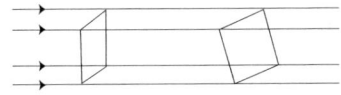

네 번째 실험. 빛은 한 점에서 비추고 도형과 도화지를 평행하게 놓지 않아도 될 때(사영변환)

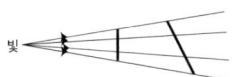 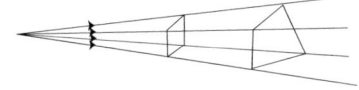

다섯 번째 실험. 빛은 한 점에서 비추고 도형과 도화지를 평행하게 놓지 않아도 되고 스크린의 모양도 평면이 아니어도 될 때(위상변환)

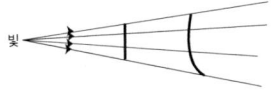 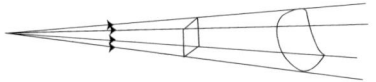

위의 실험을 통하여 원래의 도형이 어떻게 변했는지 정리해 보자. 먼저 첫번째의 경우 원래의 도형은 크기와 모양이 변하지 않고 도화지에 비추어졌다. 다시 말해 원래의 도형은 도화지에 크기와 모양이 똑같은 합동도형으로 변환한 것이다. 다른 실험들의 결과는 다음과 같다.

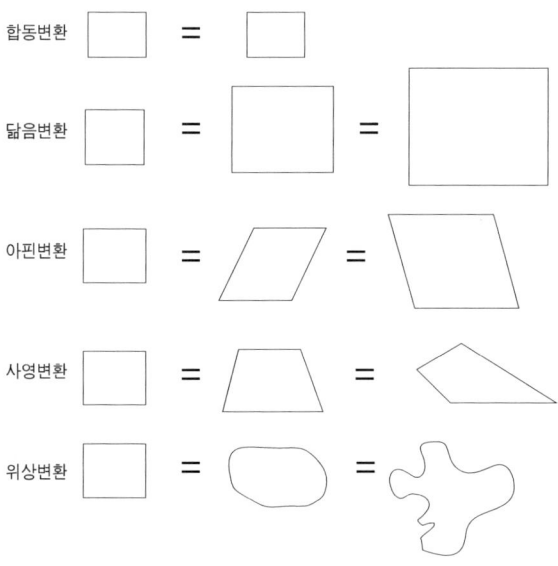

이번에는 무엇을 알아볼까? 포함관계를 알아보아야 하겠지. 각 경우의 포함관계는 다음과 같다.

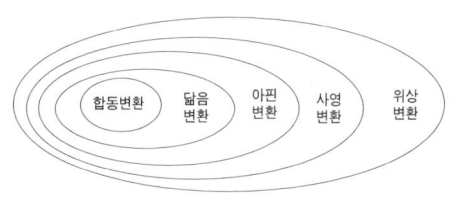

왜냐고? 이건 이해하기 쉽다. 위상변환에서 도화지가 평면이 되면 사영변환이 된다. 다른 변환의 결과도 다 마찬가지다.

자, 이제부터는 좀 자세히 들어가 볼까? 위의 변환에서 변하지 않는 것과 변하는 것을 세분하여 살펴보자. 점이 연결되어 있는 위치의 관계, 선분이 선분으로 변했는지에 대한 관계, 각의 크기, 평행관계, 직선의 길이가 변했는지에 대한 관계 등으로 말이다.

합동변환에서 변하는 것은 없다. 그런데 닮음변환에서는 선분의 길이가 변한다. 그런데 아핀변환이 되면 선분의 길이뿐만이 아니라 각도도 변했다. 사영변환은 여기에 더해 평행관계도 변한다. 위상변환이 되면 이제 선분에서 선분으로 변환한다는 제약 조건도 없어진다.

위상변환에서 남는 것은 점이 연결되어 있는 위치관계뿐이다. 각 도형의 모습을 자세히 관찰해 보면 쉽게 이해할 수 있을 것이다.

변환 성질	합동변환 □	닮음변환 ▱	아핀변환 ▱	사영변환 ⏢	위상변환 ◯
길이	○	×	×	×	×
각의 크기	○	○	×	×	×
평행관계	○	○	○	×	×
선분→선분	○	○	○	○	×
점의 위치관계	○	○	○	○	○

물론 사영변환을 다루는 학문이 사영기하학, 위상변환을 다루는 학문이 위상기하학이란 사실은 여러분도 충분히 짐작하고 있겠지?

■ 참고 2 : 미로 속의 기하학 – 조르당 곡선

그리스 어로 미궁이라는 말은 원래 '지하의 길'이라는 뜻이다. 실제로 어떤 지방의 땅 속에는 자연적으로 생겨난 수없이 복잡한 동굴들이 있어서 누구라도 한번 이 속에 들어가면 출구를 찾지 못해 목숨을 잃게 된다고 한다. 이렇게 복잡한 지하동굴 중 대표적인 것으로 그리스의 크레타 섬에 있는 지하동굴을 꼽을 수 있다. 크레타 섬에는 이러한 지하동굴이 여러 개 있는데 여기에는 흥미로운 전설이 전해지고 있다. 머리도 식힐 겸 이 전설에 대하여 들려주려 한다.

옛날에 건축가 다이다로스가 왕 미노스를 위해서 크레타 섬에 복잡한 미로를 만들었다. 이 미로의 각 통로는 대단히 복잡해서 이를 설계한 다이다로스 자신도 출구를 찾지 못할 정도였다고 한다. 이 미로의 중심에는 괴물 미노타우루스가 살고 있었는데 여기에 한번 들어간 사람은 그 누구도 되돌아 나올 수가 없어서 결국에는 이 괴물의 먹이가 되고 말았다고 한다. 아테네 사람들은 해마다 일곱 명의 처녀와 일곱 명의 청년을 괴물에게 제물로 바쳐야만 했다. 그러던 어느 날, 마침내 용사 테세우스가 이 미로에 들어가 괴물 미노타우루스를 죽였다. 테세우스가 어떻게 미로를 빠져 나왔을까 궁금하다고? 테세우스는 여왕 아리아도네로부터 얻은 실타래를 이용해서 이 복잡한 미로를 무사히 탈출할 수 있었다고 한다. 실타래를 풀면서 미로를 들어가 나올 때는 실타래를 잡고 나왔던 것이다.

이 전설로부터 '아리아도네의 실'이라는 말이 생겨났고 오늘날 이 말은 지극히 복잡한 상황에서도 출구를 찾아주는 방법을 뜻하는 표현으로 쓰이고 있다.

여러분, 재미있었나요? 미로나 미궁에 대한 문제는 오랜 세월 동안 수많은 사람들을 괴롭혀 온 문제였으며 앞의 전설에서처럼 신화적인 문제로까지 여겨졌다. 많은 사람들은 미로의 문제는 아무리 노력해도 풀리지 않는 것이라고 생각했다. 설령 미로에 빠진 사람이 출구를 찾아 나왔다 하더라도 그것은 단지 우연이나 기적에 의한 것이라고 생각했다.

그러나 수학은 이처럼 신비에 싸인 미로의 문제조차도 어김없이 파헤쳐 냈고 아무리 복잡한 미로라도 그 출구를 찾아내는 일은 그다지 어렵지 않다는 것을 증명하였다.

그 한 예가 햄프턴 궁전에 설치한 미로에 관한 것이다. 유럽의 왕궁 등에는 지하 통로에 미로를 만드는 일이 자주 있었는데 그 대표적인 것이 영국의 윌리엄 3세가 1690년 햄프턴 궁전에 설치한 미로다.

다음의 그림이 햄프턴 궁전의 미로인데, 물론 여러분은 중앙의 광장으로 들어가는 길을 쉽게 찾아낼 수가 있을 것이다. 그런데 문제는 더 간단하게 찾아내는 방법은 없을까 하는 것이다.

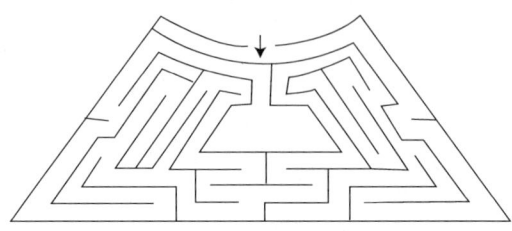

　아주 쉬운 방법은 통로의 오른쪽 또는 왼쪽 벽에 손을 대고 들어가는 것인데 그러면 저절로 중앙의 광장에 다다르도록 되어 있다. 여러분이 직접 햄프턴 궁전의 한쪽 벽을 따라가 보라. 그러면 결국은 중앙의 광장에 다다르게 된다.

　이러한 벽 따르기 법을 수학적으로 연구한 위너라는 사람은 벽을 따라가면 반드시 출구로 나올 수 있다는 사실을 증명하였다. 이 문제의 증명은 아주 간단하다. 다음의 그림을 보자.

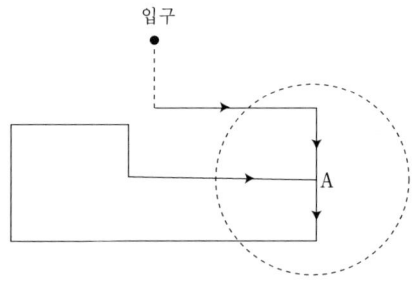

　이 경우는 한 번 지나쳤던 지점으로 다시 되돌아오는 경우가 생기는데 이때는 왔던 길을 되돌아가는 경우가 되어 다시 입구로 나올 수가 있

다. 여기서 그 지점은 A가 된다.

그러니까 더 복잡한 경우가 생기더라도, 다시 말해 한 번 지나쳤던 지점으로 다시 되돌아오는 경우가 여러 번 생기더라도 반드시 출구로 나올 수가 있다는 이야기다.

그러면 다음 그림의 경우는 어떤가? 한번 지나쳤던 지점으로 다시 되돌아오는 경우가 생기지 않는 때는 말이다.

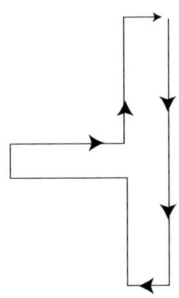

이때는 더더욱 이해하기 쉽다. 단지 벽만 따라가면 원래 있던 자리로 되돌아올 수가 있는 것이다.

그런데 많은 사람들이 미로의 문제를 풀기 위해 애쓰는 동안 다른 한편에서는 아예 출구가 없는 미로를 만들려고 하였다. 과연 한번 들어가면 도저히 빠져 나올 수가 없는 출구 없는 미로를 만들어 낼 수 있을까?

결론부터 이야기하면 그것은 불가능하다. 이 문제를 해결한 사람은 스위스의 수학자 오일러였다.

앞에서 말한 미로의 문제들은 출구를 빠져 나올 수 있느냐 없느냐에 대한 것이었다. 그런데 '어떤 정해진 출구로 나갈 수 있느냐?' 또는 '어떤 정해진 지점에 도달할 수 있느냐?' 하는 조건이 붙을 때는 상황이 달라진다. 다음의 경우가 그러한 예이다.

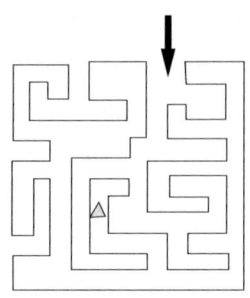

　이 미로는 화살표 방향으로 출발하면 어떠한 경우라도 삼각형 표시의 지점에 도달할 수가 없게 되어 있다. 그렇다면 '정해진 지점에 도달할 수 있는 경우는 어떤 경우인가?' 라는 새로운 문제가 발생하게 된다.

　이제 미로의 문제는 새로운 전환점을 맞이하게 되는데 출구로 빠져 나올 수 있는가에 대한 문제에서 정해진 지점에 도달할 수 있는가 또는 정해진 출구로 빠져 나올 수 있는가에 대한 문제로 발전된 것이다.

　이 문제는 프랑스의 수학자 조르당(1838~1922)이 해결했다. 조르당은 그가 발견한 '조르당 곡선' 이라는 것을 통해서 이 문제를 해결하였는데 지금부터는 이 '조르당 곡선' 에 대하여 배워 보자.

　다음과 같이 원 안에 삼각형 표시를 해 놓았다. 원이 담으로 쳐져 있다면 밖에 있는 사람들은 벽을 뚫지 않고는 삼각형 표시가 있는 데까지 갈 수가 없다.

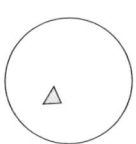

그러면 이 원을 마음대로 늘려 다음에 있는 것과 같은 미로로 만들어 보자. 어떤가? 처음의 미로가 만들어지지 않았는가? 당연히 이 미로로는 삼각형의 지점에 도달할 수 없을 것이다.

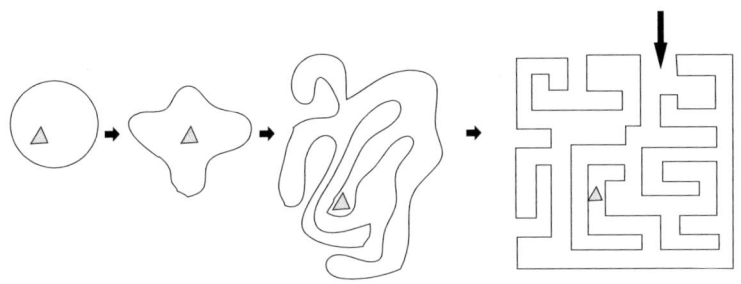

이처럼 원으로부터 시작하여, 자르거나 교차점이 생기지 않도록 모양만을 바꾼 곡선을 '조르당 곡선'이라고 한다. 그러면 이제 여러분은 미로를 찾아가 보지 않더라도 화살표 방향에서 출발하면 삼각형의 표시에 도달할 수 없다는 것을 쉽게 알 수가 있을 것이다. 여러분은 이미 원의 밖에서 안으로 들어갈 수 없다는 것을 알고 있기 때문이다.

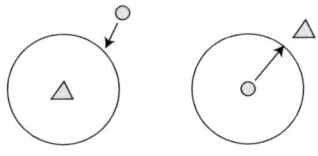

문제의 해결을 위해 우선 복잡한 미로를 늘리거나 줄이거나 해서 단순한 원으로 만들어 보자. 그러면 원이 안과 밖 두 부분으로 나누어지게 되는데 이들의 특성을 살펴보면 된다.

여러분은 위상기하학을 배울 때 마음대로 늘리거나 줄이거나 해도 도형의 이어진 부문만 같다면 두 도형은 같다고 배웠을 것이다. 조르당 곡선도 위상기하학의 한 형태다.

그렇다면 어떠한 경우에 원 안의 삼각형 표시에 도달할 수 있는가? 다음의 그림은 원의 안에서 안으로 간 경우이다. 그런데 다음에 있는 것과 같이 원의 안에서 안으로 가기 위해서는 짝수 번의 횟수만큼 곡선과 마주친다.

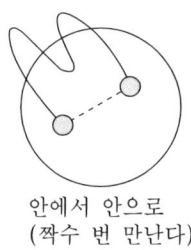

안에서 안으로
(짝수 번 만난다)

다음의 경우처럼 원의 밖에서 밖으로 가기 위해서도 짝수 번의 횟수만큼 곡선과 만나게 되어 있다.

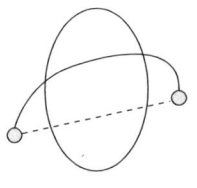

밖에서 밖으로
(짝수 번 만난다)

그런데 다음의 경우는 어떤가? 원의 밖에서 안으로 가는 경우는 홀수 번의 횟수만큼 곡선과 마주치게 된다.

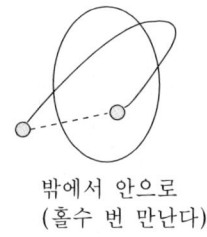

밝에서 안으로
(홀수 번 만난다)

결론적으로 원의 안에서 밖으로 나오거나 밖에서 안으로 들어가기 위해서는 홀수 번의 횟수만큼, 안에서 안으로, 밖에서 밖으로 가기 위해서는 짝수 번의 횟수만큼 곡선과 만나게 된다.

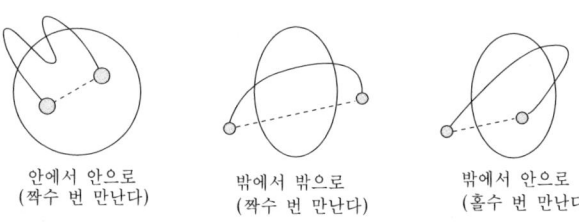

안에서 안으로　　　밖에서 밖으로　　　밖에서 안으로
(짝수 번 만난다)　(짝수 번 만난다)　(홀수 번 만난다)

삼각형에 도달하지 못하는 경우는 원의 안에서 밖으로 또는 밖에서 안으로 들어갈 때다. 이 경우는 홀수 번의 횟수만큼 곡선과 마주치게 되어 있다. 그렇다면 어떤 미로라도 홀수 번 곡선과 마주치면 삼각형에 도달할 수가 없다는 결론을 내릴 수 있다.

그럼 앞의 미로를 다시 생각해 보자. 어느 위치에서건 삼각형에 도달할 때 곡선과 만나는 횟수는 홀수 번이 된다. 그러니까 삼각형까지 도달할 수 없는 것이다. 왜냐하면 홀수 번의 횟수만큼 곡선과 만났다는 것은 원의 밖에서 안으로 도달하는 것을 뜻하기 때문이다.

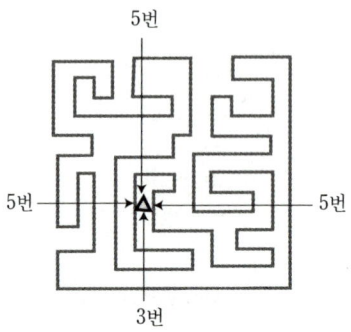

5번

5번 ────────── 5번

3번

　이렇게 일일이 미로를 찾아가지 않더라도 곡선과 만나는 횟수만 알면 삼각형에 도달할 수 있는지 없는지를 파악할 수가 있는 것이다.

　미로의 문제는 현대 수학에 있어서도 굉장히 중요한데 전자공학 등에서 유용하게 쓰이고 있다.

■참고 3 : 4색 문제

여러분은 지도를 볼 일이 많이 있을 것이다. 지도에는 여러 가지 색이 칠해져 있다. 그런데 이렇게 화려하게 색칠해 놓은 지도 속에도 수학의 원리가 숨어 있다는 것을 알고 있는지?

　지도를 그릴 때 각각의 나라를 각기 다른 색깔로 나타내는 것이 보기에 편리하지만 종류가 많아지면 그만큼 비용이 비싸게 먹힌다는 문제가 생겨나게 된다.

　되도록 적은 색을 써서, 그러면서도 이웃한 나라끼리는 반드시 다른 색깔로 나타낼 수 있으면 지도로서의 효과도 높고 경비도 싸서 좋다는 생각을 누구나 하게 될 것이다.

　그렇다면 최소한 몇 가지 색이 있다면 어떤 지도라도 이웃한 나라끼리는 다른 색깔로 나타낼 수가 있을까?

결론부터 이야기하면 네 가지 색으로 가능하다. 그렇다면 왜 그런지 여러분과 같이 실험을 해 보도록 하자. 다음의 그림 (가)를 보자. 이 그림처럼 두 나라가 서로 이웃하여 있고, 그 바깥 부분이 모두 바다일 때에는 모두 몇 가지 색이 필요할까?

(가)

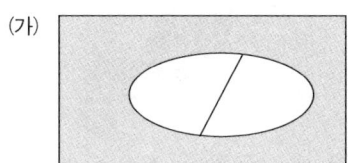

그것은 쉽다. 모두 세 가지 색이 필요하다. 예를 들어 a를 파랑, b를 빨강, c를 노랑으로 칠한다면 모두 세 가지 색깔만 있으면 된다.

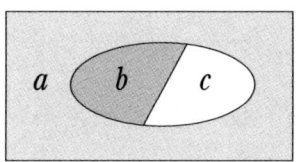

그러면 다음의 그림 (나)를 색으로 칠하는 데는 몇 가지 색이 필요한가?

(나)

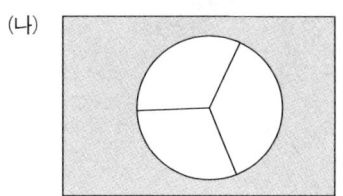

모두 네 가지 색이 필요하다. 예를 들면 a가 파랑, b는 빨강, c는 노랑, d는 초록이라는 식으로 적어도 네 가지 색깔이 필요하다.

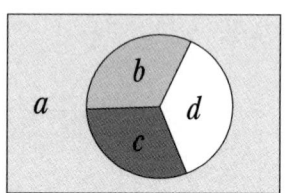

그러면 다음의 그림 (다)는 몇 가지 색이 필요한가?

(다)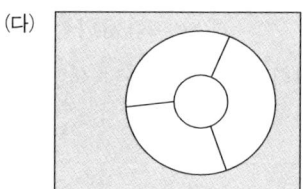

이 경우도 가운데 부분을 바깥쪽과 같은 색으로 칠하면 되기 때문에 네 가지 색만으로 충분하다.

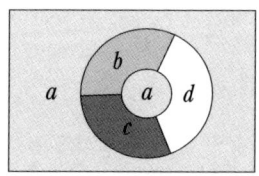

그러면 더 복잡한 경우를 살펴볼까? 그림 (라)와 그림 (마)의 경우가 그러한 경우이다.

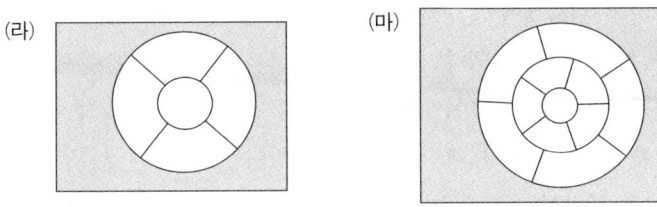

(라)   (마)

그러나 이것도 다음의 그림과 같이 그림 (라)의 경우는 세 가지 색깔만 있으면 지도를 그릴 수 있으며, 그림 (마)의 경우도 네 가지 색이면 충분하다.

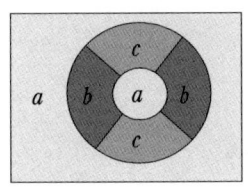 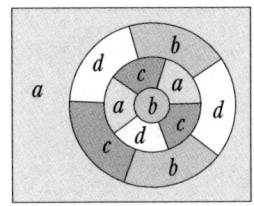

이처럼 아무리 복잡한 지도라도 네 가지 색이면 이웃한 나라 모두 다른 색깔로 나타낼 수가 있다.

그런데 문제는 이 같은 원리를 증명해 내는 일이었다. 그것은 쉬운 일이 아니었다. 그래서 이 문제는 '4색 문제'라고 하여 지도를 그리는 사람들의 관심을 넘어 수학적인 문제로 발전하게 되었다. 이 문제가 세상 사람들에게 처음 주어진 것은 영국의 수학자 케일리(1821~1895)가 1879년에 런던의 지리학 협회에서 지도는 몇 가지 색깔이 있으면 그릴 수 있는가에 관해서 재미있는 설명을 하면서부터이다.

그 이후 이 문제는 많은 수학자들의 관심을 끌었고 그들은 증명을 해내기 위해서 많은 노력을 기울였다. 그 결실을 보게 된 것이 일리노이 대학교의 아펠과 하켄에 의해서였는데 그들은 1976년 6월 25일 4색 문제에 대한 증명을 이루어냈다. 그 증명은 수많은 도표와 함께 수백 쪽에 달하는 복잡한 증명으로 되어 있다고 한다.

그런데 위상기하학에서 왜 이 문제에 대하여 다루는지 궁금할 것이다. 지도에서 나라끼리의 경계선이 어떻게 되어 있는지는 위상기하학과 상관이 없다. 그러나 다음과 같이 위상기하학을 활용해 지도를 늘리고 줄이고 하여 알아보기 쉽게 만들면 4색 문제를 보다 쉽게 이해할 수가 있다.

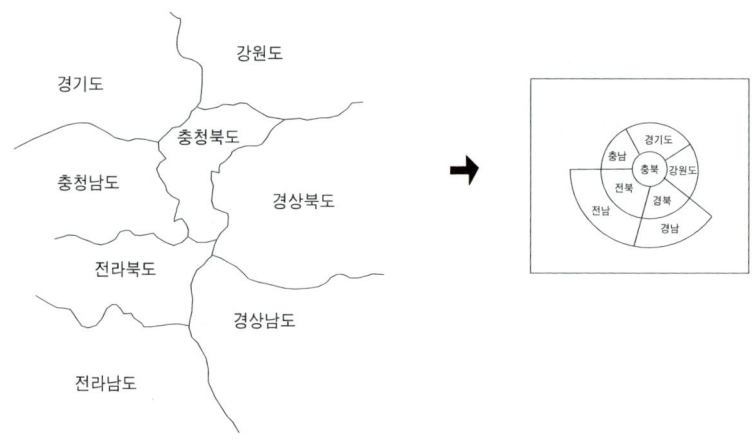

■ 참고 4 : 뫼비우스의 띠

종이에는 반드시 앞면이 있고 뒷면이 있다. 이 종이의 한 면 위를 움직이는 한 점은 경계를 거치지 않고는 다른 면으로 넘어갈 수 없다.

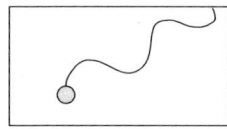

위상학자들이 궁리해 낸 괴상하고 불가사의한 온갖 모양들 중에서 가장 재미있는 것의 하나가 '뫼비우스의 띠'라는 것이다. 독일의 수학자이자 천문학자인 뫼비우스(1790~1868)가 궁리해 낸 이 '뫼비우스의 띠'란 앞면과 뒷면이 없는 면, 즉 한 면밖에 없는 면을 말한다.

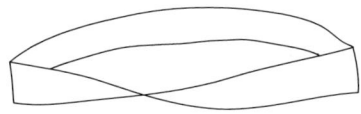

직사각형의 종이 양끝을 풀로 붙여 다음과 같은 곡면을 만들었다. 그리고 난 후 한 면 위의 점을 잡아 움직이면 이 면의 경계를 지나지 않고는 다른 면으로 넘어갈 수 없다. 다시 말해 곡면에는 바깥쪽과 안쪽의 두 면이 존재한다.

그럼 이번에는 이 종이를 한 번 꼬아서 양끝을 풀로 붙여 뫼비우스의 띠를 만들어 보자.

그리고 난 후 앞에서와 같이 한 면 위에 점을 잡아 움직여 보면 어떻게 될까? 아마 놀라운 발견을 할 수가 있을 것이다. 곡면 위의 한 점에서 출발하여 이 곡면 위에 중앙선을 그어 보면, 면을 다 지나 다시 제자리로 돌아와 만나게 된다.

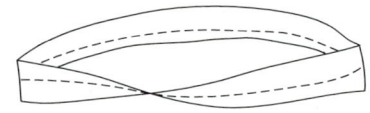

또 한 면 밖에 없으므로 면의 앞과 뒤에 각각 다른 색을 칠하려 해도 되지 않는다. 한쪽 면에 빨간색을 칠해 나가다 보면 면 전체가 빨간색으로 칠해진다.

그렇다면 보통의 띠와 뫼비우스 띠는 위상적으로 같은 도형일까? 그렇지는 않다. 뫼비우스의 띠를 중앙선을 따라 잘라 보면 두 개로 양분될 것이라고 생각할 것이다. 그러나 실제로 해보면 생각처럼 양분되지가 않는다. 아래의 그림처럼 하나로 연결된 또 다른 도형이 만들어진다.

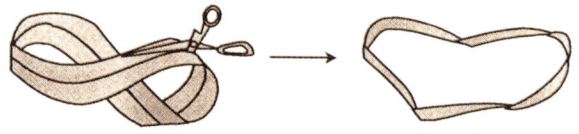

즉 보통의 띠는 중앙선을 따라 잘라 보면 두 개의 띠로 양분되지만 뫼

비우스의 띠는 그렇지가 않다. 다시 말해 보통의 띠와 뫼비우스 띠는 위상적으로 같지 않다. 보통의 띠를 마음대로 늘리고 줄인다고 해도 뫼비우스 띠를 만들 수는 없지 않은가? 한 번 꼬아 이어 붙이는 단순한 작업을 한 것뿐인데 이 둘의 상은 전혀 다르다.

지은이 **방승희**

방승희 선생님은 대학을 졸업하고 신문사와 제약회사를 다녔습니다. 직장에 다니는 동안 수학이 우리의 삶에 매우 중요하다는 것을 깨닫고, 수학 연구를 시작했습니다.
지금은 어린이와 청소년의 눈높이에 맞춘, 쉽고 재미있는 수학책을 쓰는 데 힘을 쏟고 있습니다.
《4·5·정의 수학나라》《저·8·계의 수학나라》《손오공의 수학나라》《이상한 수학나라의 뚱땅이》(이상 도서출판 동녘 펴냄)를 지었습니다.

그린이 **강효진**

강효진 선생님은 성신여대 서양화과를 졸업하였고, 꿈과 희망이 담긴 그림을 그리기 위해 힘쓰고 있습니다.
《횐둥이와 검둥이》《시골 쥐와 서울 쥐》《손오공의 수학나라》《이상한 수학나라의 뚱땅이》 등 여러 책에 그림을 그렸습니다.

청소년의 책 디딤돌 28

저·8·계의 수학나라

© 방승희, 2002

초판 1쇄 펴낸날 2002년 1월 10일
2판 1쇄 펴낸날 2002년 7월 10일
2판 7쇄 펴낸날 2019년 8월 25일

지은이 방승희
그린이 강효진
펴낸이 이건복
펴낸곳 도서출판 동녘

인쇄·제본 영신사 **라미네이팅** 북웨어 **종이** 한서지업사

등록 제311-1980-01호 1980년 3월 25일
주소 (10881) 경기도 파주시 회동길 77-26
전화 영업 031-955-3000 편집 031-955-3005 **전송** 031-955-3009
블로그 www.dongnyok.com **전자우편** editor@dongnyok.com

ISBN 978-89-7297-651-6 03410

• 잘못 만들어진 책은 바꿔 드립니다.
• 책값은 뒤표지에 쓰여 있습니다.